居住空间
室内设计

JUZHU KONGJIAN
SHINEI SHEJI

高等院校艺术学门类
"十三五"规划教材

- 主　编　李迎丹
- 副主编　魏李芳　刘丹丹
- 参　编　崔　涛　阎欣怡　王　勐
　　　　　徐　亚　马　锋　刘畅洋
　　　　　张　双

A　R　T　　D　E　S　I　G　N

华中科技大学出版社
http://www.hustp.com
中国·武汉

内 容 简 介

本书包含现代居住空间新视角、居住空间常见装饰风格解析、室内人机工程学、现代居住空间的设计营造、居住空间设计项目的实施、居住空间陈设设计六个章节的内容。书中除了一些基本的居住空间理论知识体系外，还加入了国内外关于共享公寓、民宿、主题酒店、酒店式公寓、模块化住宅等新兴的居住空间案例，并通过精选大量案例图片，以及装饰材料与陈设元素图表，将理论知识形象化，目的是拓宽读者的视角和整合知识体系，以达到知识的融会贯通。本书主要作为普通高等院校环境设计、室内设计、建筑装饰设计等专业的教材，也可以作为居住空间设计、施工人员参考的工具书。

图书在版编目（CIP）数据

居住空间室内设计 / 李迎丹主编. — 武汉 : 华中科技大学出版社, 2018.6

高等院校艺术学门类"十三五"规划教材

ISBN 978-7-5680-4138-6

Ⅰ.①居…　Ⅱ.①李…　Ⅲ.①住宅 – 室内装饰设计 – 高等学校 – 教材　Ⅳ.①TU241

中国版本图书馆 CIP 数据核字(2018)第 103526 号

居住空间室内设计　　　　　　　　　　　　　　　　　　　　　　　李迎丹　主编
Juzhu Kongjian Shinei Sheji

策划编辑：彭中军

责任编辑：段亚萍

封面设计：优　优

责任监印：朱　玢

出版发行：华中科技大学出版社（中国·武汉）　　　电话：(027) 81321913
　　　　　武汉市东湖新技术开发区华工科技园　　　邮编：430223

录　　排：武汉正风天下文化发展有限公司

印　　刷：武汉科源印刷设计有限公司

开　　本：880 mm × 1230 mm　1/16

印　　张：9

字　　数：278 千字

版　　次：2018 年 6 月第 1 版第 1 次印刷

定　　价：49.00 元

前言

JUZHU KONGJIAN SHINEI SHEJI

经过严谨的理论探索和日常的教学实践，编写一本具有适用性的教材，可以说是我们大部分教育工作者的一个夙愿，是完成教学目标的需要，还是社会大众对高校教学质量水平提出的要求。居住空间设计课程是环境设计专业必修的一门专业核心课程，在培养学生的过程中需要将艺术与技术相结合，关注理论知识的学习和实践培养，以提升学生的职业技能，满足社会发展对设计人才的需要。

课程内容如何顺应市场的发展需求，如何开阔学生们的视野，如何确立完整的课程教学体系及提高教学质量，这些是编者在教学和编写本书过程中一直思考的问题。因此，编写人员对本书结构进行了多次调整，精选了近年来的大量资料和图集，力求结构合理，线索清晰，语意明确。最后呈现给读者的是六个章节的内容：现代居住空间新视角、居住空间常见装饰风格解析、室内人机工程学、现代居住空间的设计营造、居住空间设计项目的实施、居住空间陈设设计。希望通过对相关综合性知识的介绍来给予在学人员一些帮助，以在今后的设计实践中得出正确的判断与定位，指导设计，服务大众。

本书在编写过程中得到了领导和同事们的大力支持与帮助，同时书中参阅、吸收了国内外室内设计师的诸多优秀设计案例，并选用了部分设计作品作为图书参考，凡注明或未注明出处者（部分图片来自于网络第三方平台，具体来源不详），在此一并表示衷心的感谢。如涉及版权问题，请联系编者协商。此外，特别鸣谢天筑嘉合室内装饰设计（天津）有限公司的案例提供。

由于时间仓促，编者水平有限，书中错误之处在所难免，诚待专家及广大读者批评指正！

编　者
2018 年 3 月

目录

1 **第一章 现代居住空间新视角**

　　第一节　居住空间的体验诉求　/2
　　第二节　居住空间的新类别　/2

11 **第二章 居住空间常见装饰风格解析**

　　第一节　室内设计风格概述　/12
　　第二节　尚古雅今——东方风格　/12
　　第三节　浪漫风情——欧式风格　/18
　　第四节　功能至上——现代风格　/22
　　第五节　百家争鸣——混搭的居室风格　/24

25 **第三章 室内人机工程学**

　　第一节　人机工程学在室内设计中的主要作用　/26
　　第二节　室内环境中的人体尺度　/26
　　第三节　居住行为与户内空间　/31

43 **第四章 现代居住空间的设计营造**

　　第一节　功能区与空间分割　/44
　　第二节　居住空间的功能区设计　/46

77 **第五章 居住空间设计项目的实施**

　　第一节　项目调研　/78
　　第二节　方案设计及表达　/80
　　第三节　制订预算　/82
　　第四节　绘制施工图　/88
　　第五节　项目施工　/90
　　第六节　竣工验收　/94
　　第七节　居住空间设计项目案例分析　/96

JUZHU KONGJIAN SHINEI SHEJI

113　第六章　居住空间陈设设计

第一节　居住空间陈设设计的基本概念　/114

第二节　居住空间陈设设计的元素　/114

第三节　居住空间陈设设计　/119

127　附录

附录 A　《住宅设计规范》（GB 50096—2011）的常见要求　/128

附录 B　装修材料汇总　/128

137　参考文献

现代居住空间新视角

XIANDAI JUZHU KONGJIAN XINSHIJIAO

（1）理解居住空间的体验诉求。
（2）熟知居住空间的设计新类别。

第一节
居住空间的体验诉求

随着人们思想观念和审美意识的不断提高，人们越来越趋向于空间的情感体验。人们对居住空间的感受已经不再局限于简单的陈列和构建，而是通过突出体验营造来渲染出空间的氛围。这种营造表达，是通过设计师的情感主导作用，对空间的主题、素材等内在的元素进行规划和梳理，按其自身的特质进行有组织、有秩序的编排，从而建立起与环境相适应的场景。如装饰界面、材质、光影、影像等，使之融入某种情感色彩，赋予其一定的内涵和创意，以此来影响人们对空间和场所的体验，使人们对现实空间的感受有所改变。另外，有意识地对空间的主题与文化进行搭建和渲染，营造出一个令人充满无限遐想及有意味的空间，使体验者通过"景"而触发到"情"，进一步引发体验者内心更深层次的情感，也渗透了最深层次的景，最终达到情景交融、触景生情的效果。通过寓意于物的方式展现出空间的优美意境和体验线索，使参与者对整个场景有了未读先知的感悟，进而可以使人们获得更深层次的空间体验，与之产生强烈的情感共鸣。

第二节
居住空间的新类别

在社会结构快速发展、自我意识不断更新时，独居、混居、共享成为居住空间的多元化议题；独立在家的工作者、移动的工作者等不同的空间需求，也不断地改变着我们对居住空间的定义。本节内容以共享公寓、改装民宿、主题酒店及酒店式公寓四部分内容切入新型的居住空间，为未来的空间设计引导更多的可行性。

一、共享公寓，居住的互动

如今通过无所不在的社交媒体和通信网络，无论你身处地球哪个角落，我们都可以成为共同体。除了无所不在的 Airbnb，世界各地正雨后春笋般地冒出各种新的"共享经济"，例如庭院出租、"白天我的家变成你的办公室"、私家停车位分租等。共享的理念活用了闲置的空间、时间和器物，让生活变得更加有效率，在节省能源的同时也为人与人之间的交往开启新的可能。因此，共享住宅的产生不仅存在经济的原因，同时对于人际关系的改善也有所帮助。

（一）共享公寓的空间设计

本节所指"共享公寓"是指居住空间的共享住宅，提倡人与人之间的空间互动。在我国，共享公寓是指在线短租房屋的业务，开始在很多平台上线，涵盖了公寓、别墅、民宿等短租类住宿产品。共享公寓和传统租房的不同点在于，将住房空间打造成居住社群。住户通过住房连接起来，既保有自己的独立空间，也可以在共享空间进行轻量化的社交。在我国，共享公寓目前已在广州、北京、深圳等一线城市悄然上线，大多以网络在线短租的形式对外开放，经营短租的房东多数以分享个人房屋为主。例如 YOU+ 国际青年公寓通过营造社群感和亚文化的消费精神表达吸引了大量年轻人的目光，租房不再局限于"住"的功用，也可娱乐、工作及学习。作为 YOU+ 国际青年公寓 CEO 的郁珽先生，对 YOU+ 国际青年公寓的定义就是"可以居住的办公室、可以居住的健身房、可以居住的电影院"。共享公寓的诞生不仅源于经济的必要性，还依赖于人们可以获益的人文关系。许多体验过共享住宅的人对其生活质量给出了高度评价，并希望可以继续生活在这样的环境中。共享住宅正在成为人们独自生活的一种常见选择。

（二）案例分析——名古屋共享住宅

Naruse Inokuma Architects 事务所的建筑师们在名古屋设计了一座名为 LT Josai 的共享住宅。（当地政府为了解决人们对相对独立住房的紧迫需求，聘请建筑师新建了一些"share house"，作为一些人的过渡居所。）在这所共享住宅中，除了各自睡觉的卧室外，其余的厨房、卫生间、起居室都是租户共同使用的。

建筑师为了让陌生人能够很好地共处一室，对房屋的布局做了相应的规划。沿着建筑四周从一层到三层布置了十三个相同面积的卧室，建筑中间空出的位置以及偶尔抽掉的卧室空出的地方都作为共享空间。图 1-1 所示是 LT Josai 的建筑外立面、楼梯连接处的共享空间、共享的厨房与餐厅以及共享起居室，人们在这里通过小木梯到达各自的小房间。最终形成一个私人领域包裹共享空间的房子，私密的卧室与共享的居住空间二者相互穿插，方便人们的交流沟通。图 1-2 展示了 LT Josai 的建筑模型，其中展示了 LT Josai 的建筑空间结构划分，灰色部分为私密空间，黄色部分为共有空间。同时绘制了共享住宅的一层、二层、二层半的平面图以及 $a—a'$ 剖面的立面图，其中黄色部分均为共享空间的分布布局。

图 1-1　LT Josai 的建筑外立面、室内空间设计

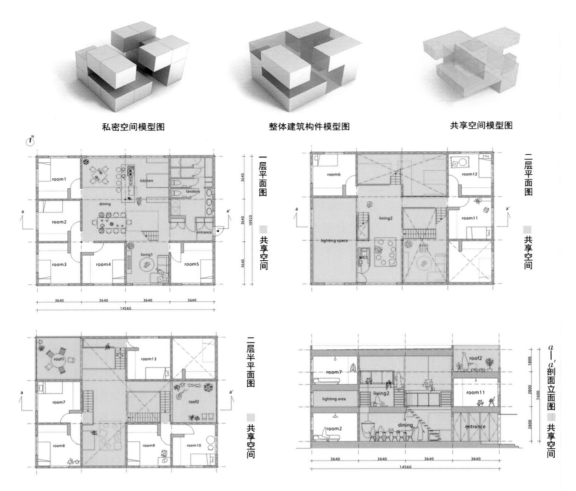

图 1-2　LT Josai 的空间模型以及平面图、立面图

　　共享住宅和联合办公一样，都将空间看作一种服务，进一步开发空间的潜在价值，提高其溢价，也改变了空间的存在和使用形式，成为居住空间发展的新趋势。而共享住宅将居住空间进行统一的规划，尤其注重公共互动空间的开发，比如配备吧台、会客厅、健身房等，发掘除了居住之外的共享空间的价值，营造社区文化。人们对居住空间的期望开始转变，由高度私密性转为追求交流互动，以重建良好的人际关系。

二、改装民宿，居住的新质感

　　民宿（Minshuku），源自日本的"民宿"，是指利用自己的闲置房屋，结合当地人文、自然景观、生态、环境资源及农林渔牧生产活动，以家庭副业方式经营，提供旅客乡野生活的住所。民宿不同于传统旅馆，它更多的是倾向于让居住者体验当地风情、感受独特的人文文化。

（一）民宿的空间设计

　　除了基本的吃和住，民宿还需要供游客交流，了解风土人情，品尝土特产，参加各种具有地域特色的娱乐活动。民宿的空间设计应善于把握游客的心理及生理活动，使其能在进行交往的同时享受到"观""赏""憩""娱"的体验。公共空间在成为可以直接观赏自然环境的外向型空间的同时，还要注意保证游客的舒适感和身处家中的安全感。在民宿空间中，不仅要满足使用功能，还应该积极地在各个空间中营造乡村情境的体验，而乡村情境可以通过材料与色彩、装置与装饰、乡村民宿视觉识别系统设计、乡村特色情境空间进行设计营造。

（二）案例分析——日本雪松屋

在日本中部的 Nara 县的一个乡村小镇，面临人口老龄化和城市化的吉野町减少了社区。因此，当地政府在 2016 年与设计工作室 Samara 合作，设计了具有特色的雪松屋。该项目旨在保护吉野的文化传统，刺激经济。吉野雪松屋网站的一句话总结了项目中的民族精神：该结构的每一个细节激发连接 Yoshino 和其相关的传统文化。

Yoshino 的 DNA 印记甚至延伸到用于工程的建筑材料，该建筑结构的特点是使用当地的暖色调的雪松，这种效果在空间中能够产生细微的差别，因为转角、光线与相同的木纹相互作用，形成复杂的图案。一楼是当地居民可以聚集的集体生活空间。如图 1-3 所示，这种独特的内置餐桌是凹在地板内的，使房间和桌子无缝衔接，产生整体空间的效果。

屋顶设计了复杂的镶板，如图 1-4 所示，楼梯的开放通风设计揭示了独特的模式，反映在楼梯栏杆和通风口处。从前面看到的开放式楼梯展示了在楼梯顶端汇聚的动态线，通向卧室，如图 1-5、图 1-6 所示。卧室的空间是背光的独特的 "A" 形，提供充足的自然光线，展示雪松屋温暖的图案与色调。

图 1-3　雪松屋的餐饮空间

图 1-4　楼梯的通风设计

图 1-5　通道

图 1-6　卧室空间

三、主题酒店，居住的新体验

主题酒店是指以酒店所在地最有影响力的地域特征、文化特质为素材，设计、建造、装饰、经营和提供服务的酒店，其最大特点是赋予酒店某种主题，并围绕这种主题建设具有全方位差异性的空间氛围和经营体系，从而营造出一种无法复制的独特魅力与个性特征，以提升酒店的质量和品位。

（一）主题酒店的空间设计

相对于传统酒店，主题酒店更多地关注客人精神上和情感上的享受，而不仅仅限于客人的物质和生理需求，给客人随时带来意想不到的惊喜和感动，使客人从入住到离开的全程都能感受到由服务人员传递来的热情、友善和温暖，就算离开后仍可以留下回味无穷的体验感受和难忘的记忆。每个主题酒店都有自己独特的设计定位和鲜明的空间主题，将空间主题与本地域的历史文化、生活习俗或神话故事相结合，形成自己独特的设计风格。主题酒店的设计中除了融入本地域的文化特色外，有的还融入了当地历史中遗留下来的各种文化遗产，而历史文化在日积月累的漫长过程中的沉淀更加深厚，使现代的色彩斑斓和历史的深厚内敛产生鲜明的对比，使客人在对历史的享受中感悟人生。

（二）案例分析——杭州 mylines 情诗酒店

随着近年来人们对生活品质追求的不断提高以及资本大量投入酒店业，作为情侣消费重点之一的"情侣酒店"在国内开始大规模发展。然而，现有的该类室内空间，往往采用单一化的场景并堆积大量直白的情趣符号，仅将室内空间局限于想尽办法满足顾客"睡"的需求，忽略了情侣住宿"不睡"的有趣体验。mylines 情诗酒店的空间设计旨在重新定义情侣酒店的概念。它位于杭州西湖边，占地 9000 平方米，建筑面积 2200 平方米，是对现有建筑群的室内改造的设计项目。图 1-7 所示为该酒店的位置和大厅的入口设计，其设计并不仅仅服务于刺激，而是要满足"轻松、浪漫、释放、激情"的需求，让情侣能在其中回归本我。客房的室内空间通过对外界面、内界面、尺寸大小、平面排布及声光效果五个变量的控制，实现空间环境对使用者情感的激发与引导，使其自主地释放。

图 1-7　mylines 情诗酒店位置和大厅入口设计

以"原欲之自恋"为主题的客房设计中，镜面不再只是功能性的物件，而是成为环境的必要组成部分。从入口走道的顶面，到贯穿整个空间进深的墙面，镜面直接以完整面的形式出现；床位置顶面的吊饰及窗帘也取代了传统材料并在一定程度上转变了物件的属性。而不同维度上的镜面叠加在无限满足人们对自我迷恋的基础上，在感官上放大了空间各方向的尺度，从而改变了使用者的空间感受，如图1-8所示。吧台、书桌和床结合成一个组合家具，床背就是可供用户对饮小酌的吧台，又可做书桌使用，将情侣行为的各个阶段通过设计更紧密地结合。墙面上的发光字母自拍架及红色扶手等待用户去自发地探索它们的使用方式。卫生间除了在洗手台范围内将镜面在顶面和台面进行了延伸外，完成面的混凝土材质的使用以及不规则的墙面开洞，试图去塑造平整细致和粗糙感之间的反差。

图1-8 镜面客房空间设计

以"原欲之积欲"为主题的客房设计中，将传统酒店房间中居于附属地位的卫生间及走道部分作为重点来打造，对客房平面布置进行了完全重组，以此来拉长和丰富积欲的过程。空间为情侣分别设立了两个独立入口，将原本合为一体的二人刻意分离，各自独立的走道空间所对应的淋浴、梳妆、更衣等行为一方面带来层层推进的仪式感，另一方面拉长了用户对构想中进一步亲密接触的等待时间，带来强烈而急切的空间探索感。从走道开始贯穿整个客房的各个完成面以及家具软装都由空间的中线一分为二，白色、玫红的细腻对比灰黑、深蓝的粗糙，引导出刚柔之间的反差。两侧空间氛围差异所产生的张力最终营造出情侣之间的冲突感，使得双方在相持和对抗中激发出对另一方的征服欲，从而实现了环境对心理的影响。在经历狭长走道的压抑后，用户可以在由舞台、沙发及床形成的活动序列中释放自我。而作为序列终点的浴缸则设置于房间尽头的落地窗边，通过引入窗外景色，激发人们在自然中最为本源的欲望，如图1-9所示。

图1-9 积欲主题客房空间设计

以"原欲之幻想"为主题的客房设计中，思维幻想的达成在于摒弃了空间中的冗余而关注自我，所以这个空间的设计通过塑造纯净超现实的场景来唤醒使用者深藏心底的幻想。主空间由白色的顶面和地面，以及几近白色的墙面喷绘营造出无色的极致氛围。作为主空间仅有的两件家具，床被设计为内嵌式而与地面齐平，床背和矮桌则都采用透明的亚克力材料，以消解家具的体量和减少家具对主空间纯洁性的破坏。内嵌式床体所对应的席地而睡的形式，让用户可以更完整地以低视角感受周边环境。洗漱区域及入口区域由一个连续的玻璃界面隔离，艳丽的红色和冷静的蓝色以马赛克的形式在附属空间的所有界面上蔓延变幻，从而产生更为直接的心理暗示。在白色主空间内，抽象的雾中森林若隐若现，营造一种悬浮于云端俯瞰的感受；墙边的灯带通过异形玻璃在墙面投射出粼粼波光，这些隐约的光影给主空间的纯净又添加了一丝神秘，诱发情侣去体验其行为活动中细微的变化，如图 1-10 所示。

图 1-10　幻想主题客房空间设计

浪漫是所有情侣所追求的普遍体验，以"原欲之浪漫"为主题的客房设计中，房型的设计打造出温馨的环境来增添情侣相处时的趣味性，使人心情愉悦的同时增加了伴侣间的亲密感，从而促进荷尔蒙的分泌而催生情感的触发。房间内的核心回归到床，其增加了床幔纱帐。床成为一个富有朦胧感的半密闭空间，外界的朦胧以及空间的收紧正是伴侣间所需的情欲催化。独立设置的吧台可供用户小酌微醺，家庭影院则营造了不受打扰的电影约会体验；另一方面，客厅式的沙发布置所带来的家的感觉所包含的温暖和安全感也更容易让伴侣卸下防备，增强主人意识的投入感，如图 1-11 所示。

图 1-11　浪漫主题客房空间设计

四、酒店式公寓，居住的新方式

酒店式公寓，即为"酒店式的服务，公寓式的管理"。它除了提供传统酒店的客房服务外，还向顾客提供家居的空间布局，并设有餐厨空间来满足顾客多样化的使用需求，使顾客在享受酒店式服务的同时也能体会到家的温暖。

（一）酒店式公寓的空间设计

酒店式公寓的室内设计风格应摒弃过于繁杂的装饰，以简洁的现代形式来满足现代人对空间环境感性的、本能的需求，既简约现代又不失家的温馨，并充满了生活的痕迹。酒店式公寓的室内界面依靠材质、颜色、图案等造就不同的空间形态。因户型多为紧凑型，其室内设计风格多为现代简约风格，天花吊顶应以平面或简单折面为主，摒弃繁复的石膏线造型，室内平直、简单的顶面造型配合灯光效果更能体现现代简约风格的特点。

（二）案例分析——香港学生公寓

香港 Campus Hong Kong 学生公寓是零壹城市建筑事务所（LYCS Architecture）为解决城市青年群体租房问题而推出的一个富有革命性改变的酒店式公寓。香港地少人多、寸土寸金，租房一直是困扰年轻人的一个大问题。为了应对这一挑战，设计师将整个公寓进行了全新的改造设计。Campus Hong Kong 学生公寓位于香港荃湾区，北贴青山公路汀九段，南临荃湾，身处公寓中便能看见海景，地理位置十分优越。Campus Hong Kong 学生公寓分布在三个较低楼层，为学生公寓配备了用于交流的公共活动室，年轻人可以聚在这里一起聊天、交友、看比赛以及玩游戏，除此之外，健身房、海滨游泳池、露台和咖啡厅等生活配套设施一应俱全。图 1-12 所示为学生公寓个性化的室内空间设计，图 1-13 所示为该公寓宿舍和活动室的平面图。

图 1-12　学生公寓的室内空间

每个公寓室内使用面积只有 27 m²，设计师去除了原本隔开两个房间的中心墙壁，取而代之的是一张共享的高桌，它不仅具有就餐、阅读、学习的多种功能，更为室友们提供了一个社交互动的平台。合理的床位安排，不仅利用了每一寸的空间，飘窗、墙壁内甚至是屋顶都成为实用的功能空间，同时又能保持彼此的私密性。公寓的四个床位被设计成半悬空式，床位下面留出的空间设置了一个较为宽敞的书桌。房间里的四个床位都安装了全钢梯子、遮光窗帘、墙上插座和阅读灯。在这个空间里还巧妙地纳入挂衣杆、可伸缩的架子、可上锁的抽屉、独立

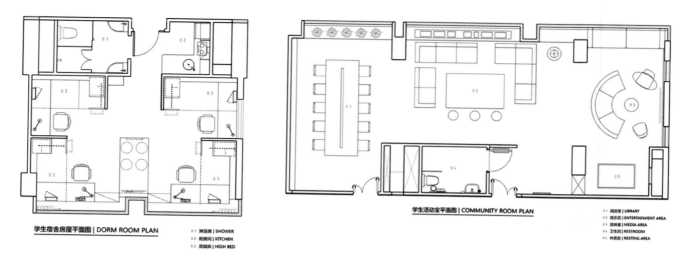

学生宿舍房屋平面图 | DORM ROOM PLAN

01 淋浴房 | SHOWER
02 厨房间 | KITCHEN
03 高脚床 | HIGH BED

学生活动室平面图 | COMMUNITY ROOM PLAN

01 阅览室 | LIBRARY
02 娱乐区 | ENTERTAINMENT AREA
03 影院区 | MEDIA AREA
04 卫生间 | RESTROOM
05 休息区 | RESTING AREA

图 1-13　学生公寓宿舍和活动室平面图

存放行李箱的空间以及镶入式书桌和多个 USB 插口，十分便利，在床上便能解决工作、学习的各种需求。

房间的层高比普通的公寓要高一些，不管是睡在床上还是坐在椅子上，年轻人都可以享受到大尺度空间的舒适感。房顶的天花板也是可以自由创作的空间，你可以创造出任何你喜欢的图案或者文字。此外，公寓还设有公用的浴室、厨房和餐桌、冰箱等生活必备设施，简洁而细腻的材质配以轻工业感的装饰，空间的基调轻松活泼。此项目设计的意义在于，它为具有巨大前景的中国年轻人租房市场，提供了一种可借鉴的解决问题的模式，不需要付出很高的成本，便可以打造出真正属于年轻人的空间与生活。

思考与练习：

1. 居住空间的形式越来越多元化，未来何种空间形式才是我们真正追求的人类进步的空间形式？

第二章

居住空间常见装饰风格解析

JUZHU KONGJIAN CHANGJIAN ZHUANGSHI FENGGE JIEXI

（1）了解室内设计的风格。

（2）熟悉几种典型的室内设计风格。

人类社会在不断发展，居住空间的环境作为人类文明的标志之一也相应地发生了变化。不同时代的室内设计风格都会有所不同，其中涵盖的社会发展元素，也是科学技术进步的结果。基于不同室内设计风格而形成的设计流派不断地发生变革，不仅使各流派室内设计的独特性更具有表现力，而且还使得室内设计内容更为丰富。本章将深入解析几种居住空间常见的室内设计风格。

第一节
室内设计风格概述

风格可以理解成精神风貌与格调，在室内空间中，室内设计语言会汇聚成一式样，风格就体现在这种特定的式样当中。室内设计是一门设计艺术，在设计中要考虑到居室的实用性和人们的审美取向。不同的社会发展时期，由于文化取向不同，审美意识上也会存在着差异。当审美元素注入室内设计中，就会表现为不同的风格。这些风格都从室内的装饰设计和陈设设计的选择上有所体现。每一种室内设计风格都是对历史文化的延续，也能体现当时社会的文化特点。我们可以通过对主要的居住空间室内设计风格的深入解析，充分发挥设计的艺术表现力，对室内环境赋予精神内涵。居住的空间设计在遵循设计基本原则的同时，往往将各种艺术风格的构思融入室内造型设计中，使得装修材料、室内的构造以及施工工艺等多方面都会从艺术风格的角度考量空间设计的具体实施。

在室内设计发展史上，出现并流行过多种多样的风格，这些风格概括起来无非有三类，即传统的（包括东方的与西方的）、现代的、现代与传统相结合的。考虑到其影响力的大小，以及篇幅原因，本节着重介绍几种在当代室内设计中有广泛影响的风格形式。

第二节
尚古雅今——东方风格

一、中国主要装饰构件及其形式特征

（一）空间内外关系上注重关联性

中国传统建筑有内向、封闭的特点，有人把中国文化称为"墙"文化。这些墙内的建筑又是开放的，即所有建筑都与其外的空间如广场、街道、庭院等具有密切的联系，中国传统建筑的室内设计在内外空间上的关联性表现为直接沟通、经过过渡、借景等。中国传统建筑类型中的亭、台、楼、廊、榭，也具有贴近自然和便于欣赏自然景色的特点。

（二）在内外空间的组织上具有灵活性

中国传统建筑以木结构为主要结构体系，木结构采用榫卯结合，使用斗拱承托梁枋和屋檐，这种木结构对抗震很有好处。这种结构体系，为灵活组织内部空间提供了极大的方便，故中国传统建筑中多有渗透、彼此穿插、隔而不断的空间，并有隔扇、罩、屏风、帷幕等多种特色鲜明的空间分隔物。中国传统建筑的平面以"间"为单位，在这些以"间"为单位的平面中，厅、堂、室等空间可以占一间，也可以跨几间，这正体现了中国传统建筑的空间组织是非常灵活的。

（三）在装饰与陈设上具有独特性

中国传统建筑中，不仅有成就极高的明清家具，还有许多具有我国独特文化的装饰品，以追求一种修身养性的生活境界。

（四）在总体构图上注重严整性

中国传统建筑的空间形式大多十分规则，多个空间组合时，常常组成一个完整的系列。在比较重要的空间，室内陈设往往由轴线控制，采取左右对称的布局。

（五）在形式与内容的关系上具有统一性

在中国传统建筑中，许多构件既有结构功能，又有装饰意义。许多艺术加工都是在不损害结构功能，甚至还能进一步显示功能的条件下实现的，做到了功能、技术、形式的高度统一性。

（六）在装饰手法上具有象征性

象征，是中国传统艺术中应用颇广的一种创作手法。在中国传统建筑的装饰中，常常使用直观的形象表达抽象的感情，达到因物喻志、托物寄兴、感物兴怀的目的。象征的装饰手法常用的有形声、形意、符号和崇数等几种形式。

（七）在用色上突出浓烈色彩

中国传统的室内装饰多用不混调的原色，色彩强烈，雕梁画栋，十分富丽，如图 2-1 所示为藻井和天花上的浓烈色彩。

图 2-1 藻井和天花上的浓烈色彩

中国古代建筑中的装饰的分布和名称如图 2-2 所示。

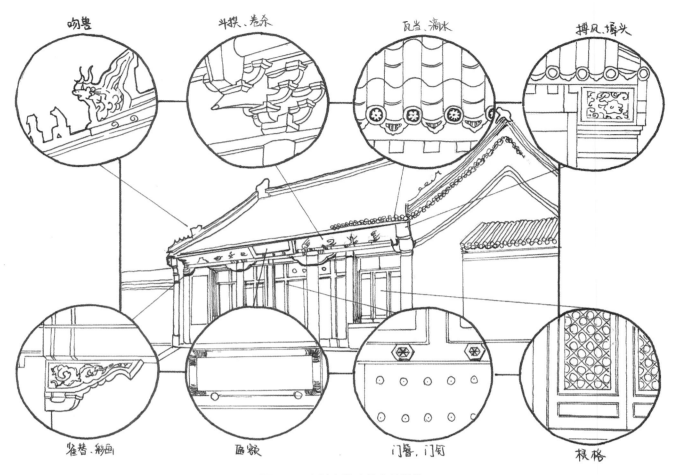

图 2-2　中国古代建筑中的装饰

下面对中国传统建筑中的斗拱、雀替、天花藻井、彩画、隔扇门窗、罩等装饰构件进行分析，这些装饰特征都体现了中国传统室内设计的特有风格元素，如表 2-1 所示。

表 2-1　中国传统建筑常见室内装饰元素

种　类	描　述	图　片
斗拱	斗拱是我国木结构建筑中的结构构件，本来是为了承托深远的屋檐而设计的，但经过技术与艺术加工后，又形成一个极好的装饰	
雀替	雀替是一个具有结构意义的构件，起着支承梁枋、缩短跨距的作用，但外形往往被做成曲线形，中间又常有雕刻或彩画等装饰，从而又有了良好的视觉效果	

续表

种　类	描　　述	图　　片
天花藻井	天花即中国古代大型建筑中的吊顶或顶棚，造型丰富，常描绘富丽堂皇的彩画；藻井是一种特殊的天花形式，是顶棚向上凹进的部分，被运用在最尊贵的位置上，形状有八角、圆形、方形等	
彩画	彩画是我国建筑装饰中一种重要类型，所谓"雕梁画栋"正是形容这一特色的。明清建筑常用的彩画种类有和玺彩画、旋子彩画和苏式彩画。彩画多做在房檐下及室内的梁、枋、斗拱、天花及柱头上	
隔扇门窗	隔扇门窗本是用来分隔空间的屏障，基于功能需要，在格心裱糊绢、纱、纸张等，常见的装饰样式有菱花、步步锦、冰裂纹、灯笼锦等多种格心棂花造型	
罩	罩是分割室内空间用的装修，在柱子之间做这种形式的木花格或雕刻，使两边的空间既连接又分割	

二、中国传统风格

中国传统风格也叫中国古典风格，主要是明清时期的装饰风格。中国上下五千年的历史文明中，就古代室内设计而言，成就最高、影响最大的莫过于明清两代。当今所谓的"中式"室内设计，在一定程度上也是对明清室内设计风格的模仿、借鉴与发展。中国传统的室内设计风格数千年以来一直保持着自己优秀的民族传统特色，继承和发扬民族特色，使我国室内环境设计出新面貌，这是时代发展对我们的要求。

三、新中式风格

新中式风格又称现代中式风格，是指将中国古典建筑装饰元素提炼融合到现代室内设计的一种装饰风格。新中式风格在设计上传承了唐代和明清时期家居理念的精华，将其中的经典元素进行提炼并加以丰富，同时摒弃原有空间布局等级、尊卑等封建思想，给传统装饰文化注入了新的气息。新中式风格大多采用中轴对称的空间布局和陈设品布局形式，以适度简化的传统中式的装饰形式，将经过抽象、简化的传统装饰图案应用到家具、陈设、灯具等家居用品中；将碧纱橱、花罩等造型经过简化应用到到玄关、壁面设计上；室内装饰品采用传统韵味的书法、剪纸、扎染、绘画、木雕等；根据住宅功能的需要，采用"垭口"或简约化的"博古架"来进行功能区的划分，而在需要阻隔视线的地方，则使用中式的屏风或窗棂，这样的分隔方式，延续了传统中式的层次之美。图2-3所示为新中式风格的居住空间设计案例。

禅意风格是近几年十分盛行的室内设计风格，与新中式风格十分相似，但又有所区别。新中式风格强调中轴对称装饰材料，造型上讲求古色古香，色彩搭配较为浓重；而禅意风格空间在处理手法上更简洁、素雅，同时将一些和式风格引入其中，空间布局打破对称与圆满的程式化，表现出非对称之美，造型更具灵活性、随意性。禅意风格讲究顺其自然的结构形式，体现一种空灵与灵动，巧妙利用空间。禅意风格是在满足现代生活需求的基础

图 2-3 新中式风格的居住空间设计案例
（案例链接：http：//www.justeasy.cn/works/case/18707.html）

图 2-4 禅意风格的居住空间设计案例
（案例链接：http：//www.justeasy.cn/works/case/18931.html）

上，将中式古典风格与和式风格进行有机结合，创造出完美的禅意空间。图 2-4 所示为禅意风格的居住空间设计案例。

四、日本传统风格

日本传统风格又称日式风格、"和风"等。日本古代文化深受中国古代文化影响，又非常明显地体现着日本民族的思想观念、审美情趣和本土精神。日本人的自然观是亲近自然，把自己看作是自然的一部分，追求的是人与自然的融合。图 2-5 所示为日本传统风格的居住空间设计案例。

日本传统风格的装饰特点主要表现在以下几个方面。①崇尚自然，不求奢华，以淡雅节制、深邃禅意为境界，重视实际功能。②家具低矮，多用隔扇和推拉门，空间形状和尺度适合"榻榻米"的规格，符合席地而坐、席地而卧的习惯。内部空间惯用隔扇、推拉门等分隔。空间规整、通透，与庭院具有密切的联系，利于融入大自然。

③造型简洁，重视细部，日本传统的室内造型设计都十分简洁、干净利落，但非常重视细部的精细做工。④用活"木元素"，日本传统建筑多为木造，重视材质的表现力，能充分利用其触感、色泽和肌理，展示其美的本质。⑤讲究的室内陈设都渗透出一种平静、内敛的神韵。

图 2-5　日本传统风格的居住空间设计案例

（案例链接：http：//www.justeasy.cn/works/case/16739.html）

五、东南亚风格

　　东南亚风格是一种结合了东南亚民族岛屿特色及精致文化品位的室内设计风格形式，装饰广泛地运用木材和其他的天然原材料，如藤条、竹子、石材、青铜和黄铜。家具常选择深木色，局部采用一些金色的壁纸、丝绸质感的布料，灯光富有变化，处处体现稳重及豪华感。东南亚风格的设计以其来自热带雨林的自然之美和浓郁的民族特色风靡世界。图 2-6 所示为东南亚风格的居住空间设计案例。东南亚风格多适合喜欢静谧与雅致、奔放与脱俗的业主。

图 2-6　东南亚风格的居住空间设计案例

（案例链接：http：//www.justeasy.cn/works/case/16370.html）

第三节

浪漫风情——欧式风格

欧式风格泛指具有欧洲传统文化艺术特色的建筑及其装饰设计的风格。欧式风格可根据不同的时期分为古典风格（包括古罗马风格、古希腊风格等）、中世纪风格、文艺复兴风格、巴洛克风格、新古典主义风格、洛可可风格等。在我国当今室内设计中，洋为中用是很常见的，将欧式风格中的很多元素加以提炼，运用到当代室内设计中，而出现欧式风格的概念。人们常常将设计中运用了一定数量的具有某些明显西洋特征的造型装饰元素的室内空间都统称为欧式风格。根据地域文化的不同，欧式风格又可细分为新古典风格、美式风格、欧式田园风格、地中海风格和北欧风格等。欧式风格在形式上以浪漫主义为基础，整体上给人以豪华、大气的感觉。

一、欧式风格主要装饰构件及其形式特征

体现欧式风格的装饰构件也被称为"欧洲元素"，常见的如罗马柱、壁炉、拱券等，如表2-2所示。

表2-2　欧式风格常见室内装饰元素

种　类	描　述	图　片
罗马柱	罗马柱的基本单位是柱和檐。柱可分为柱础、柱身、柱头（柱帽）三部分。由于各部分尺寸、比例、形状不同，加上柱身处理和装饰花纹各异，而形成各不相同的柱子样式	
壁炉	壁炉原本是在室内靠墙砌筑、用于生活取暖的设施，有采暖功能和装饰作用。现在壁炉更倾向于观赏和装饰功能。壁炉是一种情感和文化的象征	
拱券	拱券，拱和券的合称，是用块状料（砖、石、土坯）砌成的跨空砌体的一种建筑结构。拱券除了起装饰美化作用外，还对竖向载荷具有良好的支承作用	
拱顶	拱顶是指建筑物的屋顶造型为弧形或尖肋状，在欧洲的巴洛克风格和哥特式风格中较为常用	

续表

种　类	描　述	图　片
顶部灯盘或壁画	欧式风格顶部常用绘画、拱顶、尖肋拱顶、穹顶，与中式藻井方式不同的是，欧式的藻井吊顶有更丰富的阴角线，绘画内容多以宗教题材为主	
梁托	梁托是梁与柱或墙的交接常用构件，其作用是将梁支座的力分散传递给下面的砌墙，以免集中力过大，压坏墙体，现在多起装饰作用	
阴角线	阴角线是阴角装饰线的简称，在墙面和天花顶面的交界处，用饰有浮雕图案或花纹的装饰线条（也叫板条或板块）加以镶嵌装饰，达到对阴角进行掩盖或装饰的目的	
挂镜线	挂镜线是指固定在室内墙壁上部的水平木条，用来悬挂镜框或画幅等	

　　罗马柱被广泛用来建造规模宏大、装饰华丽的欧洲建筑，是欧洲建筑及装饰最为显著的一个特征。如今也在欧式风格装饰中被大量使用。表 2-3 所示是常见的罗马柱分类。

表 2-3　常见的罗马柱分类

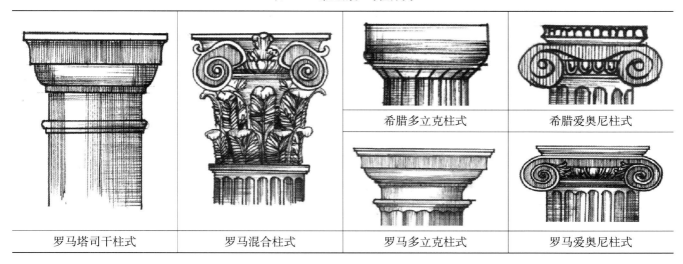

罗马塔司干柱式	罗马混合柱式	希腊多立克柱式	希腊爱奥尼柱式
		罗马多立克柱式	罗马爱奥尼柱式

二、主要欧式风格解析

（一）古典欧式风格

　　古典欧式风格主要指以古希腊和古罗马为代表的西洋传统室内风格。受当时宗教建筑盛行影响，古典欧式风格主要由欧洲长方形的教堂发展而来，并将古罗马样式与其他地方特色相结合。这种风格最大的特点是在造型上极其讲究，强调以华丽的装饰、浓烈的色彩、精美的造型达到雍容华丽的装饰效果，罗马柱、壁炉、石膏线等典型的欧式装饰元素是古典欧式风格不可或缺的构成要素。图 2-7 所示为古典欧式风格的居住空间设计案例。

图 2-7　古典欧式风格的居住空间设计案例
（案例链接：http://www.justeasy.cn/works/case/9277.html）

（二）新古典主义风格

　　新古典主义风格一方面继承了 20 世纪欧洲古典风格的情调，在颜色处理与家具选择上大致相同，让人们在装饰中体会到欧洲的古典风情韵味；另一方面还结合了现代装饰中的现代元素，去掉了过去繁杂的装饰，家具装饰选择线条简约、花纹素雅的样式，追求美观与实用相结合，满足现代元素与审美，又具有古典欧式的独特韵味。图 2-8 所示是新古典主义风格的居住空间设计案例。新古典主义风格的装饰有以下几个特点：①"行散神聚"是主要特点，用现代的装饰手法还原古典欧式风格；②讲求装修独特的风格特征，新古典主义风格是将过去的欧洲建筑风格沿袭下来，与现代人们的需求相结合；③善于用欧式风格特色的装饰陈设品来烘托表现历史特色；④新古典主义风格材料不仅采用实木，还会用不锈钢、石材等现代新材料，与古典欧式风格相比，新古典主义风格更具有现代奢华感。

图 2-8　新古典主义风格的居住空间设计案例
（案例链接：http://www.justeasy.cn/works/case/937.html）

（三）美式风格

　　美式风格特指在传承了欧洲文化的基础上，结合美国自身文化的特点而衍生出的独特风格。美式风格实际上是一种欧式的混搭风格，美式风格在同一时期接受了多种成熟的建筑风格，相互之间又有融合和影响。美式家具以殖民时期的体积庞大、质地厚重为主要特点，彻底将以前欧洲皇室贵族的家具平民化，有着简化的线条、粗犷的体积、自然的材质、较为含蓄保守的色彩及造型。现代的美式风格是美式风格演变到今天的一种形式，古典中带着一些随意，摒弃了过多的烦琐与奢华，兼具古典主义的观赏性与新古典主义的功能性。美式风格既简洁明快，又温暖舒适。图 2-9 所示为现代美式风格的居住空间设计案例。

图 2-9　现代美式风格的居住空间设计案例

（案例链接：http：//www.justeasy.cn/works/case/19567.html）

（四）欧式田园风格

欧式田园风格指的是在具有田园风格的特点的前提下，陈设品的装饰方面与西方不同地域相结合，是具有不同地域、时期装饰特点的田园风格。例如，欧式田园风格也可细分为美式田园风格、英式田园风格、法式田园风格等。另外，田园风格还包含了具有东方地域装饰特征的风格细分，例如韩式田园、中式田园等风格。下面主要针对欧式田园风格中最具代表性的英式田园风格予以阐释。

英式田园风格是最正统的欧式田园风格，装饰特点除了具有欧式风格的主要装饰特征之外，还具有追求安逸、舒适的生活氛围，以及休闲自然、清新淡雅、浪漫和谐的田园情趣。例如，英式田园风格家具多选择轻巧的英式风格的家具，家具的材质多使用楸木、香樟木等，制作以及雕刻全是纯手工的，十分讲究。英式田园风格装饰多是以纷繁的花卉图案为主的布艺，整体色调浪漫、柔美和华丽。图 2-10 所示为英式田园风格的居住空间设计案例。

图 2-10　英式田园风格的居住空间设计案例

（案例链接：http：//www.justeasy.cn/works/case/306.html）

（五）地中海风格

地中海风格原来是特指沿地中海北岸一线的西班牙、葡萄牙、法国、意大利、希腊等这些国家南部沿海地区的住宅及其装饰风格。"蔚蓝色的浪漫情怀，海天一色、艳阳高照的纯美自然"是地中海风格的灵魂。地中海风格的主要装饰特点有以下几点：①拱门与半拱门、马蹄状的门窗，常用木百叶和木隔扇装饰，满足通风要求；②色彩搭配有固定形式，简单明快，地中海风格用色主要受到民族宗教和当地本土植物和自然景观的影响，常见使用三种典型的颜色搭配，一是蓝与白搭配，二是黄、蓝紫和绿搭配，三是土黄及红褐搭配；③地中海风格的装饰较为独特和简约，常有航海题材，材料选择倾向于自然、淳朴。图2-11所示为地中海风格的居住空间设计案例。

图 2-11　地中海风格的居住空间设计案例

（案例链接：http://www.justeasy.cn/works/case/508.html）

（六）北欧风格

北欧风格一般指欧洲北部的挪威、瑞典、芬兰、丹麦和冰岛等几个国家的室内设计风格。由于地处北极圈附近，气候非常寒冷，所以北欧人在进行室内装修时大量使用了隔热性能好的木材。北欧风格以简洁著称。北欧风格以自然简洁为原则，以浅色为整体基调，黑白色常作为主色调或重要的点缀色使用。北欧风格家具的特点是从材质上精挑细选，在工艺上尽善尽美。追求回归自然，崇尚原木韵味，外加现代、实用、精美的设计风格，反映出现代都市人进入后现代社会的另一种思考方向。图2-12所示为北欧风格的居住空间设计案例。

图 2-12　北欧风格的居住空间设计案例

（案例链接：http://www.justeasy.cn/works/case/19589.html）

第四节
功能至上——现代风格

现代风格即现代主义风格，是比较流行的一种风格，追求时尚与潮流，非常注重居室空间的布局与使用功能的完美结合。现代主义也称功能主义，是工业社会的产物。

一、现代风格的概述

现代风格起源于 1919 年德国魏玛市的包豪斯学校。包豪斯的设计思想强调突破旧传统，创造新建筑，重视功能和空间组织；注意发挥结构构成本身的形式美，造型简洁，反对多余装饰；尊重材料的性能，讲究材料自身的质地和色彩配置效果；重视实际的工艺制作操作，强调设计与工业生产的联系。包豪斯在推动现代建筑及装饰的发展方面起了巨大的作用，当今的室内设计尽管流派纷呈、风格各异，但上述现代风格的特点和原则仍为许多设计师所喜爱和推崇。现代风格的出现是建筑史上的一次飞跃，现在广义的现代风格也可泛指造型简洁新颖、具有当今时代感的建筑形象和室内环境风格。

二、主要的现代风格解析

（一）现代主义风格

现代主义风格发展了非传统的以功能布局为依据的不对称的构图手法，重视实际的工艺制作操作，强调设计与实际生活的联系。线条简约流畅，色彩对比强烈，这是现代主义风格的装饰特点。此外，还大量使用钢化玻璃、不锈钢等新型材料作为辅材，这也是现代主义风格家具的常见装饰手法。现代主义能给人带来前卫、不受拘束的感觉。图 2-13 所示为现代主义风格的居住空间设计案例。

图 2-13　现代主义风格的居住空间设计案例

（案例链接：http：//www.justeasy.cn/works/case/18994.html）

（二）后现代主义风格

后现代主义派也称"装饰主义派"或"隐喻主义派"。现代设计产生于 20 世纪 20 年代，后现代主义强调建筑的复杂性和矛盾性，反对简单化、规模化，讲求文脉，崇尚隐喻与象征手法，提倡多元和多样化。后现代主义风格设计主要表现在提倡传统古典的符号和形式揉进现代的造型、新设备、新材料、新工艺之中。后现代主义风格的设计特征有：①室内设计的特点趋向繁多复杂，强调象征隐喻的形体特征和空间关系；②在设计构图时往往采用夸张、变形、断裂、折射、错位、扭曲、矛盾共处等手段，构图变化的自由度大，大胆运用图案和色彩装饰；③室内设置的家具、陈设艺术品往往被突出其象征隐喻意义；④设计时用传统的室内符号或者形式，通过新手法、新符号或新形式加以组织、混合或叠加，最终表现含混的特点。图 2-14 所示为后现代主义风格的居住空间设计案例。

图 2-14　后现代主义风格的居住空间设计案例

第五节
百家争鸣——混搭的居室风格

　　混搭风格设计是一种比较特异的表现手法，它可以摆脱沉闷的装修模式，突出装修重点。混搭风格非常符合现在人们追求个性、随意的生活方式。但是，我们还是不可以把"混搭"和"乱搭"相互混淆，因为混搭风格能设计出"1+1>2"的装修效果，绝对不是一般的乱搭。混搭风格认为和谐统一是首要的，室内有欧式的家具，也可以有中式的饰品；可以存在复古的情愫，也能表达现代的情感，空间设计很协调，可以做到相互统一、百花齐放等效果。混搭风格更加追求"形散而神不散"的特点，让我们不仅能体验不同装修风格的美感，而且也能体会出不同装修风格的独特韵味。中西合璧是混搭风格的首选之一。除了中西合璧，还可以新旧混搭。图 2-15 所示为中西混搭风格的居住空间设计案例。

图 2-15　中西混搭风格的居住空间设计案例

思考与练习：

　　1. 室内设计中不同的装饰风格都有哪些主要特征？

　　2. 目前哪几种典型的居住空间室内设计风格最为流行？

　　3. 怎样通过不同的特征进行室内装饰风格体现？

第三章

室内人机工程学

SHINEI RENJI GONGCHENGXUE

学习要点

(1) 人机工程学在室内空间设计中的主要作用。

(2) 室内设计中人体的主要尺度依据。

(3) 常见居住空间中的人机尺度及设计布局。

(4) 特殊居住空间中的人机尺度及设计布局。

第一节

人机工程学在室内设计中的主要作用

人机工程学为室内设计、家具设计和人的生理承受能力等提供理论和设计的参数，从而使得室内环境的艺术创造标准化、科学化、合理化。通过界定和利用人的具体活动所需要的适度空间、比例、尺度及其分割和联系，便可最大限度地合理使用有限空间，为设计的整体效应提升和局部设计展开建立良好的基础。人体的结构非常复杂，从室内人类活动的角度来看，人体的运动器官和感觉器官与活动的关系最密切。运动器官方面，人的身体有一定的尺度，活动能力更有一定的限度，无论是采取何种姿态进行活动，皆有一定的距离和方式，因而与活动有关的空间和家具器物的设计必须考虑人的体形特征、动作特性和体能极限等人体因素。人机工程学在室内设计中的作用主要体现在以下五个方面。第一是为确定人们在室内活动所需的空间提供主要依据。影响空间大小、形状的因素很多，但最主要的因素还是人的活动范围以及家具设备的数量和尺寸。第二是为确定家具、设施的尺度及其使用范围提供主要依据。无论是坐卧类家具、凭倚类家具还是贮藏类家具都要满足使用要求。家具是室内空间的主体，也是与人接触最密切的，因此它们的形状、尺度必须以人体尺度为主要依据。第三是为确定感觉器官的适应能力提供依据。第四是提供适应人体的室内环境的最佳参数。室内环境主要有室内热环境、声环境、光环境、色彩环境等，在室内设计中依据人机工程学所提供的最佳参数，能够方便快捷地做出正确的决策。第五是为室内视觉环境设计提供科学依据。人眼的视力、视野、光觉、色觉是视觉的要素，人机工程学通过计测得到的数据为室内光照设计、室内色彩设计、视觉最佳区域等提供了科学依据。

第二节

室内环境中的人体尺度

一、人体基本尺度

居住空间的大小离不开人的尺度要求。例如要确定餐厅通道的宽度，就需了解在通行时人的最小宽度、坐着时人的臀部到膝盖的尺寸和坐高，这样才能既使人舒适地用餐又不影响他人通行，使间距最经济，从而节省面积和空间。GB 10000—1988 中的人体数据是裸体测量值，立姿标准测量姿势为挺胸自然站立，坐姿的标准测量姿势为端坐，即直腰坐，主要测量指标如图 3–1～ 图 3–4 及表 3–1～ 表 3–4 所示（图、表分别对应）。人体测量的数据常以百分位数来表示人体尺寸的等级。百分位数是一种位置指标、一个界值，以符号 Pk 表示。一个百分位数将总体或样本的全部测量值分为两个部分，有 k% 的测量值等于或小于此数，有（100-k）% 的测量值大于此数。最常用的是第 5、50、95 共 3 个百分位数，分别记作 P5、P50、P95。第 5 百分位数代表"小"身材的人群，指的是有 5% 的人身材尺寸小于此值，而有 95% 的人身材尺寸大于此值，以此类推。

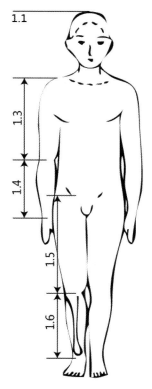

图 3–1　人体主要尺寸

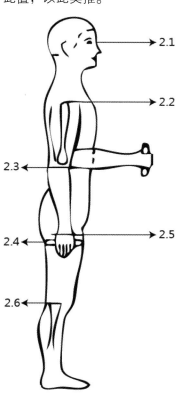

图 3–2　人体立姿尺寸

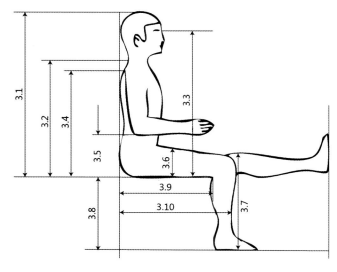

图 3–3　人体坐姿尺寸

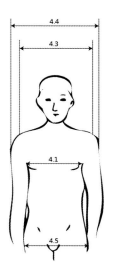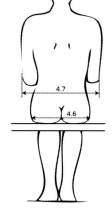

图 3–4　人体水平尺寸

表 3-1　人体主要尺寸　　　　　　　　　　　　　　　mm

年龄分组	18～60 岁（男）							18～55 岁（女）						
百分位数	1	5	10	50	90	95	99	1	5	10	50	90	95	99
1.1 身高	1543	1583	1604	1678	1754	1775	1814	1449	1484	1503	1570	1640	1659	1697
1.2 体重 /kg	44	48	50	59	71	75	83	39	42	44	52	63	66	74
1.3 上臂长	279	289	294	313	333	338	349	252	262	267	284	303	308	319
1.4 前臂长	206	216	220	237	253	258	268	185	193	198	213	229	234	242
1.5 大腿长	413	428	436	465	496	505	523	387	402	410	438	467	476	494
1.6 小腿长	324	338	344	369	396	403	419	300	313	319	344	370	376	390

表 3-2　人体立姿尺寸　　　　　　　　　　　　　　　mm

年龄分组	18～60 岁（男）							18～55 岁（女）						
百分位数	1	5	10	50	90	95	99	1	5	10	50	90	95	99
2.1 眼高	1436	1474	1495	1568	1643	1664	1705	1337	1371	1388	1454	1522	1541	1579
2.2 肩高	1244	1281	1299	1367	1435	1455	1494	1166	1195	1211	1271	1333	1350	1385
2.3 肘高	925	954	968	1024	1079	1096	1128	873	899	913	960	1009	1023	1050
2.4 手功能高	656	680	693	741	787	801	828	630	650	662	704	746	757	778
2.5 会阴高	701	728	741	790	840	856	887	648	673	686	732	779	792	819
2.6 胫骨点高	394	409	417	444	472	481	498	363	377	384	410	437	444	459

表 3-3　人体坐姿尺寸　　　　　　　　　　　　　　　mm

年龄分组	18～60 岁（男）							18～55 岁（女）						
百分位数	1	5	10	50	90	95	99	1	5	10	50	90	95	99
3.1 坐高	836	858	870	908	947	958	979	789	809	819	855	891	901	920
3.2 坐姿颈椎点	599	615	624	657	691	701	719	563	579	587	617	648	657	675
3.3 坐姿眼高	729	749	761	798	836	847	868	678	695	704	739	773	783	803
3.4 坐姿肩高	539	557	566	598	631	641	659	504	518	526	556	585	594	609
3.5 坐姿肘高	214	228	235	263	291	298	312	201	215	223	251	277	284	299
3.6 坐姿大腿厚	103	112	116	130	146	151	160	107	113	117	130	146	151	160
3.7 坐姿膝高	441	456	464	493	523	532	549	410	424	431	458	485	493	507
3.8 小腿加足高	372	383	389	413	439	448	463	331	342	350	382	399	405	417
3.9 坐深	407	421	429	457	486	494	510	388	401	408	433	461	469	485
3.10 臀膝距	499	515	524	554	585	595	613	481	495	502	529	561	570	587

表 3-4　人体水平尺寸　　　　　　　　　　　　　　　mm

年龄分组	18～60 岁（男）							18～55 岁（女）						
百分位数	1	5	10	50	90	95	99	1	5	10	50	90	95	99
4.1 胸宽	242	253	259	280	307	315	331	219	233	239	260	289	299	319
4.2 胸厚	176	186	191	212	237	245	261	159	170	176	199	230	239	260
4.3 肩宽	330	344	351	375	397	403	415	304	320	328	351	371	377	387

续表

年龄分组	18~60岁（男）							18~55岁（女）						
百分位数	1	5	10	50	90	95	99	1	5	10	50	90	95	99
4.4 最大肩宽	383	398	405	431	460	469	486	347	363	371	397	428	438	458
4.5 臀宽	273	282	288	306	327	334	346	275	290	296	317	340	346	360
4.6 坐姿臀宽	284	295	300	321	347	355	369	295	310	318	344	374	382	400
4.7 坐姿两肘间宽	353	371	381	422	473	489	518	326	348	360	404	460	478	509
4.8 胸围	762	791	806	867	944	970	1018	717	745	760	825	919	949	1005
4.9 腰围	620	650	665	735	859	895	960	622	659	680	772	904	950	1025
4.10 臀围	780	805	820	875	948	970	1009	795	824	840	900	975	1000	1044

二、人体的活动空间尺度

人体动作域是指人们在室内各种工作和生活活动范围的大小，它是确定室内空间尺度的重要依据之一。以各种测量方法来测定的人体动作域，也是人机工程学研究的基础数据。从人的行为动态可以把它分为立、坐、跪、卧四种类型的姿势，各种姿势都有一定的活动范围和尺度。为了便于掌握和熟悉居住空间设计的尺度，下面将分别介绍人的各种行为和姿势的活动范围和尺度。鉴于活动空间应尽可能适应绝大多数使用，设计时应以高百分位数人体尺寸作为依据，所以取成年男子第95百分位数的身高1775 mm为基准。

（一）立姿活动空间尺度

人的立姿活动空间不仅取决于人的身体尺寸，而且取决于保持身体平衡的要求，在脚的站立位置不变的条件下，应限制上身和手臂的活动范围，以保持身体的平衡。以此要求为依据，可确定立姿活动空间的人体尺度，如图3-5所示。图3-5（a）为正视图，零点位于正中矢状面上；图3-5（b）为侧视图，零点位于人体背点的切线上，人的背部贴墙站直时，背点与墙接触，以垂直切线与站立平面的交点作为零点。图3-5中，粗实线表示人稍息站立时的身体轮廓，已将保持身体姿势所必需的平衡活动考虑在内；虚线表示头部不动，上身自髋关节起前弯、侧弯时的活动空间；点画线表示上身不动时手臂的活动空间；细实线表示上身一起活动时手臂的活动空间。

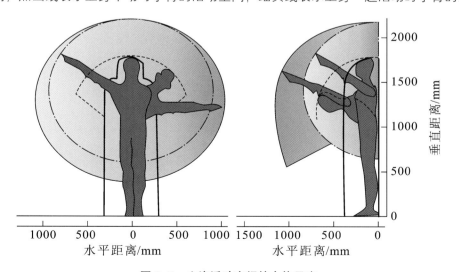

图3-5　立姿活动空间的人体尺度

（二）坐姿活动空间

按照与确定立姿活动空间相同的原则，以保持身体的平衡为依据，可确定坐姿活动空间的人体尺度，如图3-6所示。图3-6（a）为正视图，零点位于正中矢状面上；图3-6（b）为侧视图，零点位于经过臀点的垂直线上，以该垂直线与脚底平面的交点作为零点。图3-6中，粗实线表示上身挺直，头向前倾时的身体轮廓，已将保持身体姿势所必需的平衡活动考虑在内；虚线表示上身自髋关节起向前、向两侧弯曲的活动空间；点画线表示上身不动，自肩关节起手臂向上和向两侧的活动空间；细实线表示上身从髋关节起向前、向两侧活动时，手臂自肩关节起向前和向两侧的活动空间；连续圆点线表示自髋关节、膝关节起腿的伸、曲活动空间。

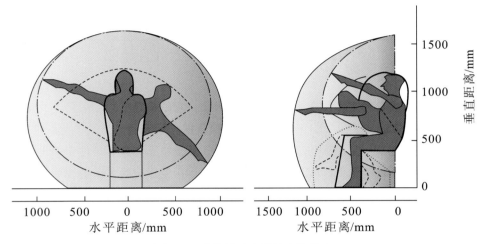

图3-6　坐姿活动空间的人体尺度

（三）单腿跪姿活动空间

按照与确定立姿活动空间相同的原则，以保持身体的平衡为依据，可确定单腿跪姿活动空间的人体尺度，如图3-7所示。取跪姿时，承重部位要常更换，由一膝换到另一膝时，为确保上身平衡，要求活动空间比基本位置大。图3-7（a）为正视图，零点在正中矢状面上；图3-7（b）为侧视图，零点在人体背点的切线上，以垂直切线与跪平面的交点为零点。图3-7中，粗实线表示上身挺直、头向前倾时的身体轮廓，已将保持身体姿势稳定所必需的平衡动作考虑在内；虚线表示上身自髋关节起向两侧弯曲的活动空间；点画线表示上身不动，自肩关节起手臂向前、向两侧的活动空间；细实线表示上身从髋关节起向前、向两侧活动时，手臂自肩关节起向前、向两侧

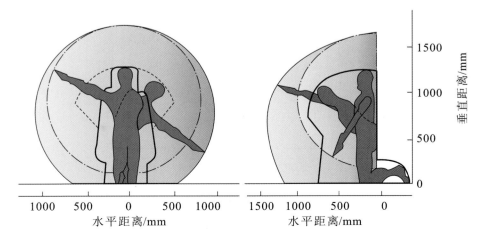

图3-7　单腿跪姿活动空间的人体尺度

的活动空间。

(四) 仰卧姿势活动空间

仰卧姿势活动空间的人体尺度如图 3-8 所示。图 3-8 (a) 为正视图，零点位于正中央中垂平面上；图 3-8 (b) 为侧视图，零点位于经过头顶的垂直切线上，以该垂直切线与仰卧平面的交点作为零点。图 3-8 中，粗实线表示背朝下仰卧时的身体轮廓，点画线表示自肩关节起手臂伸直的活动空间，连续圆点线表示腿自膝关节弯起的活动空间。

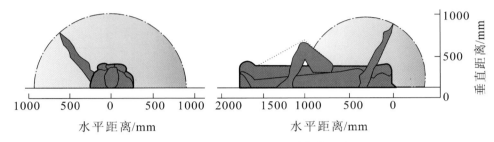

图 3-8　仰卧姿势活动空间的人体尺度

GB 10000—1988 中，只给出成年人人体结构尺寸的基础数据，并没有给出成年人的人体功能尺寸。同济大学的丁玉兰教授对 GB 10000—1988 标准中的人体测量基础数据进行了分析研究，导出了几项常用的人体功能尺寸及人在作业位置上的活动空间尺度的数据。表 3-5 所示为常用人体功能尺寸，在此简要加以介绍和引用。

表 3-5　常用人体功能尺寸

百 分 位 数	立姿双臂展开宽度 /mm	立姿手伸过头顶高度 /mm	坐姿手臂前伸距离 /mm	坐姿腿前伸距离 /mm
P5	1579	1999	781	957
P50	1690	2136	838	1028
P95	1820	2274	896	1099

第三节
居住行为与户内空间

居住行为是家庭生活心理活动的外在表现，是生活空间状态的推移。其"外在表现"是人与户外环境交互作用的结果，而"状态的推移"则是生活行为的空间表现。居住行为与空间设计有密切的联系，因此在思考居住空间设计之前，需要将居住者的行为习惯进行评估与考量。

一、居住空间的人机尺度与布局

(一) 门厅的尺寸设计

当鞋柜、衣柜需要布置在户门一侧时，要确保门侧墙垛有一定的宽度：摆放鞋柜时，墙垛净宽度不宜小于

400 mm；摆放衣柜时，则不宜小于 650 mm。综合考虑相关家具布置及完成换鞋更衣动作，门厅的开间不宜小于1500 mm，面积不宜小于 2 m²。图 3-9 所示为门旁墙垛尺寸，图 3-10 所示为门厅的面积参考尺寸。

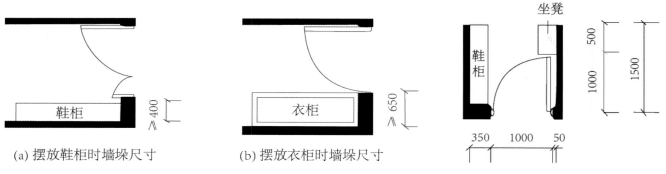

(a) 摆放鞋柜时墙垛尺寸　　　　(b) 摆放衣柜时墙垛尺寸

图 3-9　门旁墙垛尺寸(单位:mm)　　　　　　图 3-10　门厅面积参考尺寸(单位:mm)

（二）起居室的尺寸与布局

起居室的采光口宽度应以不小于 1.5 m 为宜。起居室的家具一般沿两条相对的内墙布置，设计时要尽量避免开向起居室的门过多，应尽可能提供足够长度的连续墙面供家具"依靠"；如若不得不开门，则尽量相对集中布置。如图 3-11 所示，内墙面长度与门的位置对起居室家具的摆放有着重要的影响，左图中灰色圆形标识处表明内墙洞口的位置影响着电视柜的布置，右图中灰色长方形标识处表明利用短走廊组织多个门洞，有效地减少了直接开向起居室门的个数。

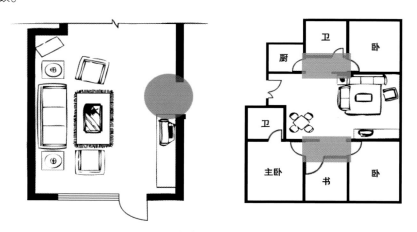

图 3-11　内墙面长度及门的位置

在不同平面布局的套型中，起居室面积的变化幅度较大。其设置方式大致分为相对独立的起居室和与餐厅合而为一的起居室两种情况。在一般的两室户、三室户的套型中，其面积指标如下：起居室相对独立时，起居室的使用面积一般在 15 m² 以上；当起居室与餐厅合而为一时，二者的使用面积控制在 20~25 m²，或以共占套内使用面积的 25% ～30% 为宜。起居室的使用面积标准在我国现行《住宅设计规范》（GB 50096—2011）中规定不应小于 10 m²。

起居室开间尺寸呈现一定的弹性，既有小户型中可以满足基本功能的 3600 mm 小开间的"迷你型"起居室，也有大户型中追求气派的 6000 mm 大开间的"舒适型"起居室。一般来讲，110～150 m² 的三室两厅套型设计中，较为常见和普遍使用的起居面宽为 3900～4500 mm。对于经济型的室内空间，当用地面宽条件或单套总面积受到某些因素限制时，可以适当将起居面宽压缩至 3600 mm；而在追求舒适的豪华套型中，起居面宽可以达到6000 mm 以上。图 3-12 所示为起居室的面宽尺寸与家具布置的关系。

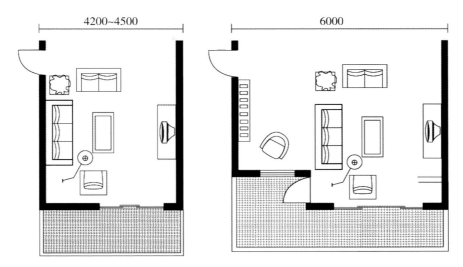

图 3-12　起居室的面宽尺寸（单位:mm）

（三）餐厅的尺寸

餐厅的尺寸决定着能够容纳的就餐人数。3~4 人就餐时，餐厅开间净尺寸不宜小于 2700 mm，使用面积不宜小于 10 m²；而 6~8 人就餐时，开间净尺寸不宜小于 3000 mm，使用面积不宜小于 12 m²，如图 3-13 所示。

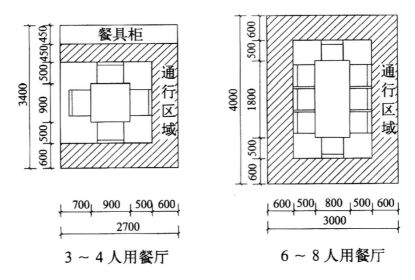

图 3-13　餐厅面积与容纳人数（单位:mm）

（四）卧室的尺寸与布局

卧室在套型中扮演着十分重要的角色。一般人的一生中近 1/3 的时间处于睡眠状态中，拥有一个温馨、舒适的卧室是不少人追求的目标。卧室一般分为主卧室和次卧室，卧室空间尺度的比例要恰当，一般开间与进深比不大于 1:2。卧室应有直接采光、自然通风。因此，住宅设计应尽量将外墙让给卧室，保证卧室与室外自然环境有必要的直接联系，如采光、通风和景观等。一般情况下，双人主卧室的使用面积不应小于 12 m²。在常见的两、三室户中，主卧室的使用面积适宜控制在 15~20 m² 范围内。过大的卧室往往存在空间空旷、缺乏亲切感、私密性较差等问题，此外还存在能耗高的缺点。不少住户有躺在床上边休息边看电视的习惯，常见主卧室在床的对面放置电视柜，这种布置方式，造成对主卧室开间的最大制约。主卧室开间净尺寸大致可参考为双人床长度（2000~2300 mm）、电视柜或低柜宽度（600 mm）、通行宽度（600 mm 以上）、两边踢脚宽度和电视后插头突出等引起的家具摆放缝隙所占宽度（100~150 mm）之和。

由于次卧室服务的对象不同，其家具及布置形式也会随之改变，以下主要介绍子女用房的家具和布置情况。常见的家具、设备有单人床、床头柜、书桌、座椅、衣柜、书柜、计算机等。子女房间的家具布置要注意结合不同年龄段孩子的特征进行设计。对于青少年（13~18岁）来说，他们的房间既是卧室，也是书房，同时还充当客厅，接待前来串门的同学、朋友，因此家具可以分睡眠区、学习区、休闲区和储藏区布置。当次卧室主人是儿童（3~12岁）时，年龄较小，与青少年用房比较，还要特别考虑到以下几方面的需求：可以设置上下铺或两张床，满足两个孩子同住或有小朋友串门留宿的需求；宜在书桌旁边另外摆一把椅子，方便父母辅导孩子做作业或与孩子交流；在儿童能够触及的较低的地方有进深较大的架子、橱柜，用来收纳儿童的玩具等。由于次卧室功能具有多样性，设计时要充分考虑多种家具的组合方式和布置形式，一般认为次卧室的面宽不宜小于2700 mm，面积不宜小于 10 m²。当次卧室用作老年人房间，尤其是两位老年人共同居住时，房间面积应适当扩大，面宽不宜小于3300 mm，面积不宜小于 13 m²。

（五）厨房的尺寸

目前新建住宅厨房已从过去的平均 5~6 m² 扩大到 7~8 m²，但从使用角度来看，厨房面积不应一味扩大，面积过大、厨具安排不当，会影响到厨房操作的工作效率。可以将厨房按面积分成三种类型，即经济型、小康型、舒适型。建议经济适用型住宅采用经济型厨房，一般住宅采用小康型厨房，高级住宅、别墅等采用舒适型厨房。

经济型厨房的面积应为 5~6 m²；厨房操作台总长不小于 2.4 m；单列和"L"形设置时，厨房净宽不小于 1.8 m，双列设置时厨房净宽不小于 2.1 m；冰箱可入厨，也可置于厨房近旁或餐厅内。小康型厨房面积应为 6~8 m²；厨房操作台总长不小于 2.7 m；"L"形设置时厨房净宽不小于 1.8 m，双列设置时厨房净宽不小于 2.1 m；冰箱尽量入厨。舒适型厨房的面积应为 8~12 m²；厨房操作台总长不小于 3.0 m；双列设置时厨房净宽不小于 2.4 m；冰箱入厨，并能放入小餐桌，形成 DK 式厨房。有条件的情况下，可加设洗衣间（家务室）、保姆间等，其面积可进一步扩大。

（六）卫生间设备及布置

卫生间坐便器的前端到前方门、墙或洗脸盆（独立式、台面式）的距离应保证在 500~600 mm，以便站起、坐下、转身等动作能比较自如，左右两肘撑开的宽度为 760 mm，因此坐便器的最小净面积尺寸应为 800 mm×1200 mm。把三件洁具（浴盆或淋浴房、便器、洗脸盆）紧凑布置，可充分利用共用面积。一般卫生间的面积比较小，在 3.5~5 m²。四件套（浴盆、便器、洗脸盆以及洗衣机或淋浴房）卫生间所占面积稍大，一般在 5.5~7 m²。

（七）阳台的尺寸设计

开放式阳台的地面标高应低于室内标高的 30~150 mm，并应有 1%~2% 的排水坡度将积水引向地漏或泄水管。阳台栏杆需具有抗侧向力的能力，其高度应满足防止坠落的安全要求，六层及以下住宅不应低于 1050 mm，七层及以上住宅不应低于 1100 mm（《住宅设计规范》GB 50096—2011）。栏杆设计应防止儿童攀爬，垂直杆件净距不应大于 0.11 m，以防止儿童钻出。露台栏杆、女儿墙必须防止儿童攀爬，国家规范规定其有效高度不应小于 1.1 m，高层建筑不应小于 1.2m。应为露台提供上下水，方便住户洗涤、浇花、冲洗地面、清洗餐具等。

住宅设计常见的规范要求见附录 A。

二、居住空间的无障碍设计

无障碍设计是随着我国残疾人事业、老龄事业等各项社会事业不断发展的进程而引入居住空间环境建设中的新概念，其重要性已经被越来越多的人所认识，居住空间环境的无障碍设计体现了现代设计追求的人性化理念。

（一）门厅、通道

门厅是残疾人在户内活动的枢纽地带，除配备更衣换鞋处和坐凳外，其净宽度要达到 1500 mm 以上，在门厅的顶部和地面的上方 200～400 mm 处要有照明和夜间足光照明。从门厅通向餐厅、厨房、居室、浴室、厕所的地面要平坦、不光滑，并且没有高低差，如果需要高差，其高度不要大于 15 mm，并筑起小于 45° 的斜度。户内的通道为便于乘轮椅者和拄拐杖残疾人通行，宽度不宜小于 1200 mm，在两侧墙壁上宜安装高 850 mm 的扶手，通道转角处做成圆弧形，并在自地面向上高 350 mm 处安装护墙板，以避免碰撞时对墙面造成损坏。

（二）餐厅、起居室

餐厅、起居室是具有家人团聚、休息、起居、会客、娱乐、视听活动等多种功能的场所。餐厅和起居室是一个家庭中使用功能最为集中、使用效率最高的核心空间，残疾人使用时要有足够的通行与回旋空间。因此，起居室应大于 14 m²，墙面、门洞及家具位置应符合轮椅通行、停留及回转的使用要求，橱柜高度应小于 1200 mm、深度应小于 400 mm，方便乘轮椅者取放物品。图 3-14 所示为无障碍餐厅。

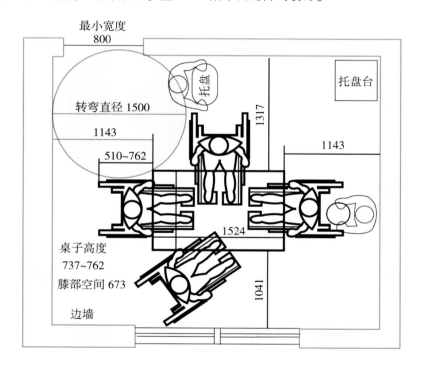

图 3-14　无障碍餐厅（单位:mm）

（三）卧室

残疾人的卧室大概在 14～16 m² 较为实用，卧室的橱柜挂衣杆的高度应不大于 1400 mm，深度应不大于 600 mm。图 3-15、图 3-16 所示为无障碍卧室。

（四）厨房

残疾人住房的厨房不同于普通的厨房，要考虑乘轮椅者进入和操作的位置以及回转的面积。因此，残疾人的厨房门扇开启后的净宽不应小于 800 mm。为减少残疾人的通行困难和方便放置物品，厨房位置距门厅越近越好，并且路线要便捷，光线要明亮，空气要流通，这种设计可避免或减少事故发生。厨房操作台面距地面 750～

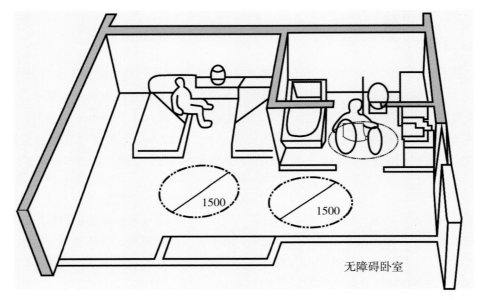

图 3-15　无障碍卧室 1（单位：mm）

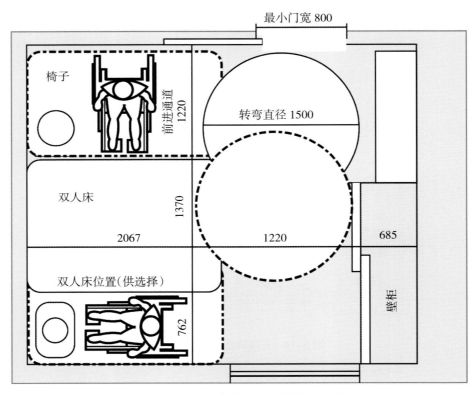

图 3-16　无障碍卧室 2（单位：mm）

800 mm 的高度，乘轮椅者和可站立的残疾人都可使用。厨房的案台、洗涤池、灶台、灶具、餐具柜和储藏空间及各种设施需按操作顺序排列。建议在厨房内留出两人进餐位置，食物储存宜就近安排。图 3-17 所示为无障碍厨房。

（五）卫生间

针对轮椅使用者，卫生间出入口的宽度应大于 800 mm，以方便轮椅使用者进出，内部保留足够的空间让轮

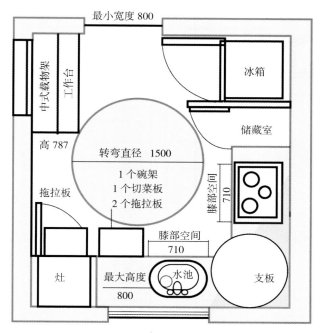

图 3-17　无障碍厨房（单位:mm）

椅回转。洗脸台的高度不宜超过 865 mm，在卫生器具周围安装扶手，增加安全性，方便肢体残障者抓扶。对于老年人来说，由于腿部肌肉力量的衰退，选用坐便器明显优于蹲便器。坐便器的高度应相对高些，以减轻下蹲时腰腿部的负担，可选择 430~500 mm 的高度。另一方面，由于老年人抓握能力的下降，洗脸台水龙头把手以表面光滑并带杠杆式或掀按式的开关为宜。在卫生间色彩的整体选择上，浅色最佳，不仅使人感觉清爽洁净，而且有利于保持老年人的视觉清晰。淋浴房不设置门槛或其他隔断，可以让轮椅直接进入，便于使用。淋浴房中需要保持良好的通风状态，可选用高度为 2100 mm 左右的淋浴房。由于导水需要而产生的内外高差应保持在 15 mm 以内。坐便器水龙头开关可采用脚踏式或感应式，以解决用手开关的不便。图 3-18 所示为无障碍卫生间，图 3-19 所示为无障碍公共卫生间。

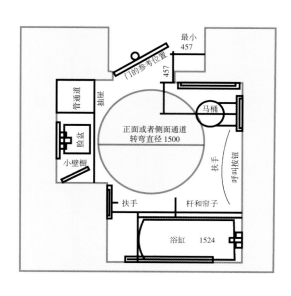

图 3-18　无障碍卫生间(单位:mm)

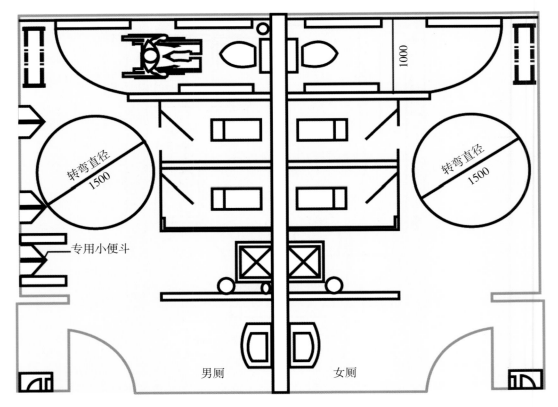

图 3-19　无障碍公共卫生间(单位:mm)

三、收纳空间的尺度分析

收纳空间在户型空间设计中必不可少，它是指收藏物品的场所，可以是独立的空间，也可以是完整空间中的一部分。收纳空间设计要保证大空间的完整性，不能因其划分使空间变得支离破碎，同时也要保证人的活动范围，不能影响正常的生活秩序。居住空间一般包含玄关、客厅、卧室、卫生间、厨房、餐厅、阳台共七个部分。

(一) 玄关

玄关是进入家门第一个功能区域，由于面积较小，存放的东西不宜太多，以免一进门就有凌乱的感觉。常见的玄关收纳可分为两类。第一类是以家具装修的方式来增加储物空间，由于入户门右侧留有一定的空间或是餐厅，住户可直接安放具有储物功能的柜子。第二类则是通过改变原有设计中的墙体等手段来增加储物空间，共有四种情况：第一种是将柜子置入墙体；第二种是在入户处有厨房门时，改变门的方向并将墙体后退，留出储物柜的位置；第三种是将入户处的墙体改为两个储物柜，供门厅储物、厨房储物；第四种是改动厨房门的方向，加入玄关，既在视线上有所阻隔，又能丰富空间层次，且能储物。对入户空间进行设计时应考虑储物柜的尺寸（一般柜子的进深是 300~600 mm)，预留出足够的储物空间；如果入户空间较窄，无法满足上述的条件，则需要调整室内流线，避免厨房或卫生间的门开在入口两侧，尽可能地预留出一段完整的墙面供人们定做壁柜来储物。

(二) 客厅空间

客厅是住宅中面积最大、出入频次最高的空间，既是家人的活动中心，满足家庭各个成员的生活娱乐，也是待客的主要场所，同时兼具就餐、运动、交通等功能，这种功能上的复合性导致客厅的储物需求多种多样。客厅储物空间置入的一种常见方式就是摆放储物型家具，如沙发、电视柜、书架、茶几等，可用于放置音像设备、书籍、饮水机、摆饰等。图 3-20 所示为客厅收纳示意图。客厅在户型中的位置决定其在交通上的流动性，因而无论客厅的朝向如何，这些家具都是靠两侧墙摆放，中间留出交通空间，而像健身器材等物品一般是在不影响室内流线的情况下靠边放置。另外一种为客厅采用飘窗的情况。由于内置的飘窗墙面占用了一定客厅面积，不利于客厅储物，一部分家庭会选择将飘窗改造成窗台与柜子组合的形式，用来放置杂物，以减轻客厅储物种类繁多的压力。

（三）餐厅空间

现有的户型设计中，餐厅的位置一般在入口处或是在客厅的一侧，与其他空间的分界较为模糊，尤其是在中小户型中，预留的餐厅面积比较局促。在餐厅中最主要的储藏物品是冰箱、酒水、餐具等与就餐行为相关的用品。餐厅中关于储物空间的改动有两种情况：一是将非承重的墙体改为壁柜；二是利用底部或者墙面添加壁柜等方式进行储藏。餐厅中储物空间的设计除食物存放、餐具摆放等问题外，还可以考虑个人爱好红酒的情况，在餐厅这一空间内将一侧完整的空间用作红酒储藏；对于户型面积较小的情况，餐厅要兼具学习、娱乐的功能，这时可在餐厅增加书架、杂物盒等体型稍小的储物空间。

（四）卧室空间

卧室不但要满足人们的安寝需求，还要解决四季衣物、棉被等物品的储存问题。卧室中常以增添家具的方式来增加储物空间，具体有两种做法：第一种是在已经预留好的部位添加家具，第二种是在面积不足时安装吊柜。这是由于在放置双人床后，如果在侧边增加立柜，会显得十分拥挤，不利于行走。现代居室都趋于框架式结构，给住户留下更多展示个性的空间，如图 3-21 所示。内嵌式壁柜是一种典型的隐蔽式家具，它将框门外部与墙壁、墙体装饰融为一体，极大地节约了占地空间。衣橱内用来放置折叠式衣物的层板，进深尺寸在 300~400 mm，最好不要超过 450 mm，以免过深不易取放。收纳层板下方则可设置抽屉，抽屉依照内容物不同，高度也不一样。例如放置内衣裤与袜子的抽屉，可利用搁板简单区分，高度只需 180 mm 即可；放置一般折叠式衣物的抽屉，高度为 200~250 mm，不论是折叠或卷放，都很容易收纳。特别要注意的是，由于吊杆有承载重量的限制，因此橱内吊杆的长度最好不要超过 1200 mm。市场上可以定制整体衣柜，立柜的使用示意图如图 3-22 所示，使用衣橱的尺度依据表 3-6 中的数据。

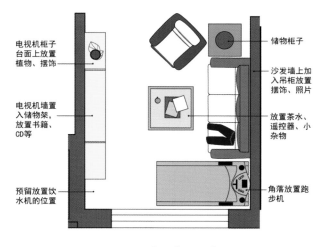

图 3-20　客厅收纳示意图

图 3-21　卧室收纳空间

（五）卫浴空间

现代城市住宅卫浴空间收纳家具的产品形式主要有浴室柜等，如图 3-23 所示。浴室柜的安置和卫浴空间的面积有密切的关系，空间大小要得当，小空间各项功能俱全，但还是以方便为最终目的。在宽大的卫浴空间里，干湿自然分离。可以根据使用者的功能需求和审美需求来放置不同形式的浴室柜，各种洗浴用品、清洁用品以及衣物等分门别类地放置；也可以根据家庭成员来分类，使每个人都有自己独立的储物收纳空间，让使用者更方便、更卫生。在小面积卫浴空间中，卫浴产品已经占据了大部分空间，所以要做到干湿分离不容易，要根据实际情况选择浴室柜，可选用吊挂在墙角或是离地面较高的浴室柜，这样往上层发展空间，使其空间得以有效利用。

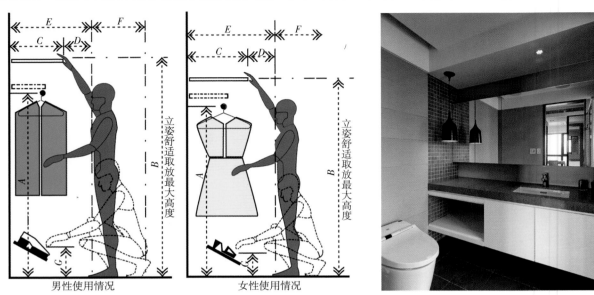

男性使用情况   女性使用情况

图 3-22　立柜使用示意图　　　　　　图 3-23　卫生间收纳空间

表 3-6　立柜设计尺寸数据　　　　　　　　　　　　　　　　　　单位：mm

A	B	C	D	E	F	G
1626 ~ 1727	1829 ~ 1930	300 ~ 450	200 ~ 250	500 ~ 710	860 ~ 910	250 ~ 300

（六）厨房空间

厨房可以说是整个户型中物品最多、最杂的空间，所以厨房中储物空间的配置格外重要。一般对厨房储物空间的安排分为上、中、下三个部分，如图 3-24 所示，上面放一些不常用的餐具等，中间按照使用频率依次排列

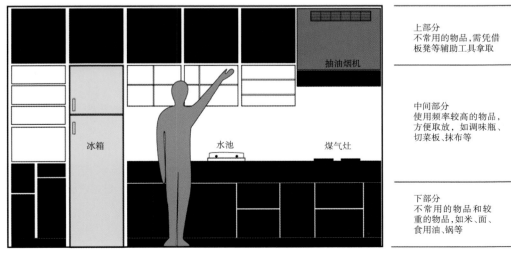

上部分
不常用的物品，需凭借
板凳等辅助工具拿取

中间部分
使用频率较高的物品，
方便取放，如调味瓶、
切菜板、抹布等

下部分
不常用的物品和较
重的物品，如米、面、
食用油、锅等

图 3-24　厨房储物空间分析

在操作台附近，下部分一般放置较重的物品。对于厨房储物空间的改动，多为增加壁柜，增加储物空间。

完善的厨房收纳设计不仅形式美观、尺度适宜，内部储物空间的设计也细致到位、科学合理，可以通过安装抽屉（分类储物）、轨道和脚轮（取物方便）、横杆（利用立面空隙）、搁板等配件进行收纳细节处理。图 3-25 所示为厨房收纳空间设计图。

厨房主要的功能为储藏、准备和烹饪，人在操作时自然地在三个区之间形成一个三角形流线。考虑到操作的便捷，一般将厨房做如下布置：入口处为储藏区，放置冰箱等；准备区是在餐前洗菜、切菜，餐后清洗的空间，这个区域的物

图 3-25　厨房收纳空间

品种类比较多，餐具清洗完还应该方便储藏，洗涤盆一般靠窗布置；烹饪区需配置灶具、炊具柜、通风排烟装置，对储物的要求较小，放置必备的调味品等用品即可。现在的家用电器种类繁多，人们对厨房储藏容量的需求日益增长，在设计中要注意管线排布与储藏功能相结合，并考虑未来储藏需求。图 3-26 所示为厨房操作尺寸图。

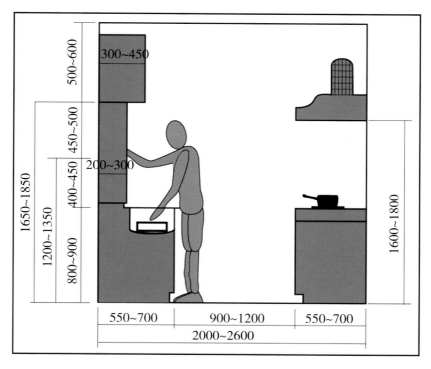

图 3-26　厨房操作尺寸图

（七）阳台空间

由于具体使用功能的不确定性，阳台可以说是居住环境中比较特殊的空间。在北方由于气候等因素的影响，人们往往会将其进行封闭处理。封闭处理可分为两种方式。一是阳台封闭后，将与其相邻的空间打通。在客厅与室外阳台相邻的情况下，92％的住户会选择将分隔的墙打通，把阳台并入客厅，可以晾晒衣物，放置器材、玩具等。第二种方式是直接将阳台进行封闭处理，作为一个室内的独立储物空间，以减轻室内的储物压力。阳台的设计要充分考虑到地域的差异，根据实际使用条件的不同，是封闭还是开敞，与室内的哪个空间相联系会更为经济、实用，这些都需要设计师依据当地人的生活习惯进行设计。

思考与练习:

1. 按照人体测量数据,分别制作 P5、P50、P95 的坐姿和立姿的人体模型。

2. 依据人在居住空间的交互行为,以厨房为例,思考厨房空间人的活动流线与内部布局的关系。

3. 按照人体的测量尺寸均值,思考室内空间的常见尺度,例如卫生间的尺度布局、儿童房的尺度布局等。

第四章

现代居住空间的设计营造

XIANDAI JUZHU KONGJIAN DE SHEJI YINGZAO

学习要点

(1) 了解空间分割的方法。

(2) 熟悉各功能空间的设计要点。

第一节
功能区与空间分割

一、功能区概述

人们对居住空间的选择和评价受到适用人群、经济状况、居住模式等多种因素的影响。随着时代节奏的加快，在生活得到不断改善的同时，人们的精神压力却不断增大，不同居住需求使得居住空间有着多种空间布局模式的存在。因此，营造一个舒适的居住环境作为个人释放压力的场所就显得尤为重要。现代人对于居住环境不再单一地追求实用功能，而是对精神层面和审美的追求越来越高，同时有了更高层面的认识。如何对人们现有的住宅空间进行再设计以达到预想的艺术效果，是每个设计师应该研究和解决的问题。我国现代居住空间中的功能空间相比几十年前明显趋于多样化与专门化，具体的常用功能空间有客厅、卧室、书房、厨房、餐厅、卫浴间、过渡空间（玄关、过道、楼梯等）、收纳空间等，如表4-1所示。

表4-1 现代居住空间功能空间列表

开放空间	私密空间
客厅	卧室
厨房	淋浴间
餐厅	收纳间
玄关	衣帽间
书房 / 工作室	
卫生间	
阳台	

室内功能分区主要是按照空间使用功能的私密性强度的层次来进行的。住宅内部的私密性强度一般随着活动范围的扩大和成员的增加而减弱，它将按照个人、夫妻、家庭、亲戚朋友、同事的顺序不断减弱，相对地，其对外的公开性则逐步增强。住宅中的私密性不仅要求在视线、声音等方面有所分隔，同时在住宅内部的组织上也希望能够满足人们的心理要求。从这个要求出发，住宅内部空间布局一般是把最私密的空间安排在最后，这样外人就不容易接触到最私密的部分。卧室和卫生间等为私密区，它们不仅对外有私密性要求，本身各部分之间也需要适当的私密性。家庭中的各种家务活动、儿童教育和家庭娱乐等活动对家庭成员之间一般没有什么私密性的要求，但是对外人或许还有些私密性的要求，这是第二个层次，是下一层次半开放部分与私密区的缓冲部分，算作半私密部分。半开放部分是会客、宴客、客用卫生间、和客人共同娱乐等空间，这部分是家庭成员与客人在家里交往的地方，开放性较强，但对外人来讲，还是具有私密性的。入口的门是住户与外界之间的一道关口，门外一般为

平台或公用楼梯平台，这里是完全开放的外部公共空间。

二、空间分割方式

对于许多新建的住宅而言，建筑内部的功能分区及尺寸设计越来越趋向合理，室内设计师可以直接在已经界定了的空间内进行二次设计。但是在实际生活中，常常有旧房改造工程，这些建筑有的本来就是居住功用，但是功能划分不合理；也有些建筑前身并不是住宅，例如旧厂房，设计师首先要进行内部的空间分割设计。从空间的封闭程度来讲，主要有五种分割方式：完全分割、局部分割、象征性分割、弹性分割、列柱分割。

（一）完全分割

采用完全分割空间的目的是对声音、视线、温度等因素进行分隔，形成独立性的空间。如果原有墙体位置不合理，造成部分功能空间不能得到有效利用，或者存在布局上的不利因素等问题，在空间布局设计上，再次设计则是解决问题的重点。对于类似问题，可以拆除原有墙体来进行合理的空间使用功能的设计，扩大空间利用率，来形成一定的视觉范围。一般利用现有的承重墙或现有的轻质隔墙隔离，这种分割限定性强，分割界线明确，其私密性和独立性强，但流动性较差。

（二）局部分割

采用局部分割空间的目的是减少视线上的干扰，形成一定的私密性的空间。可利用高于视线的屏风、隔断等进行空间分割。这种分割的限定性程度与分割体的大小、形状、材质互相关联。

（三）象征性分割

象征性分割可以形成虚拟空间。虚拟空间是设计师利用不同的设计方法对现有的空间进行限定的一种空间表现方式，在居住空间中表现虚拟空间可增加室内空间的层次感，从而能够在视觉感官和心理上感知虚拟空间带给人的一种美的享受。常见的象征性分割方法有以下几种。

1. 通过不同材质来表现虚拟空间

在表现虚拟空间时常会利用不同的材质和材料的特性对空间进行区分。如图 4-1 所示，在兼用型卫生间里面，坐便功能区就用了区别于其他区域的材质。

2. 通过顶棚或地台高差的变化来表现虚拟空间

通过顶棚的高差变化来进行空间分割，可利用室内空间的顶棚高度整体增高或降低，也可以是在同一空间内通过顶棚局部跌级高度的变化来进行划分，进而丰富室内空间的层次感和提高造型效果。同样，也可以通过地台高差的变化来营造虚拟空间，让人从视觉上就能直观地感受到虚拟空间的存在。在地坪标高上做一些变动，使其产生高度上的差异，即可表现出两个虚拟化的空间，增加一种层次分明的视觉效果，如图 4-2 所示。

图 4-1　卫生间利用不同材质分区

3. 通过照明形式的变化表现虚拟空间

室内空间中照明也是有效限定空间的一种设计手法。在进行室内空间设计时，可以通过照明进行空间划分，不同的照明效果会使空间产生不同的视觉效果，进而对空间进行有效的划分。在满足室内基本照明功能的基础上，可根据照明的形式和灯具的灯光效果等对空间进行处理，如在室内设计中常利用虚光灯带、顶棚灯、反光灯池等设计方法在室内顶棚部分营造虚拟空间。

4. 通过陈设品的摆放表现虚拟空间

用低矮的饰面、绿化、悬垂物等元素来分割空间，这种似有似无的分割限定性较弱，空间界面模糊，如图 4-3

所示就是利用挂帘进行分区。

图 4-2　卫生间利用地面高低落差分区　　　　　图 4-3　客厅利用挂帘分区

(四) 弹性分割

使用可活动的推拉隔墙、推拉门、升降帘幕等手段，分割可随时改变或移动，使空间根据需要随时开合，这种分割方式称为弹性分割。其特点是灵活性大、经济实用。

(五) 列柱分割

使用柱子来分割空间，可丰富空间的层次感与多变性，这种分割空间方式的限定性强，分割界线明确。一般有两种类型：一种是设置单排列柱，空间被一分为二；一种是设置双排列柱，空间被一分为三。通常是使列柱偏于一侧，它可以使空间主次分明，让重点空间更加突出，空间完整性较好。

第二节
居住空间的功能区设计

一、客厅的室内设计

客厅是住宅室内空间中的公共场所，是家庭成员生活的主要活动空间，是室内人们行为活跃度和集中度较高、活动时间较长、利用率较高的区域。现代居住空间中的客厅基本上包含表 4-2 所示的功能。

(一) 空间比例

虽然客厅的功能有很多，但在平面布局时不是把各个功能区分散布置，而是首先确定一种或几种功能为空间核心，还有一些空间的使用是可以重叠和交叉进行的。大多数家庭会以沙发和茶几为中心进行布置，这是一种较为常见的布局，在它的周围设置其他活动功能区。

表 4-2　客厅的基本功能列表

家庭交流聚会	现代社会人们生活节奏加快，工作、学习压力都很大，营造一个适合放松、交谈的场所来促进家庭成员间的聚会交流，增加彼此之间的亲近感。在设计上可以通过一组沙发或其他坐具的围合构筑一个适宜交流的场所
来客接待	与居室中的其他私密空间不同，客厅是接待来宾的重要场所，也是展示家庭生活的对外窗口，所以空间内部需要准备与亲友玩赏交流的空间，设置一些艺术品、绿植、特色灯具等装饰物品，用以凸显主人的文化品位与身心修养
视听娱乐活动	看电视、看电影、听音乐等影音活动是很多人平常较为喜欢的活动。现代丰富的视听装置对位置、布局以及与家居的关系提出了许多新的要求，如电视机的摆放位置要避免逆光以及反光，投影仪的使用需要有遮光设备，音响需要环绕设置等。受年龄喜好和物品丰富等因素的影响，家庭成员的娱乐方式发生了很大变化，向个人化和分散化发展，尤其是网络的普及，使一些年轻人看电视的活动相对减少，更多地倾向于在客厅放置演奏乐器和健身器材。老年人的棋牌娱乐活动会对座椅和灯光有特殊要求，需要具体情况具体处理。成员组成的多样性使客厅的功能朝着多元化发展
学习办公	网络化、智能化的发展催生了在家办公族。如果居所里没有设置书房，客厅空间又相对较大，环境较舒适，很多人会选择在客厅内设置一个办公区域。另外，客厅也是读书、看报纸、杂志的理想场所，一家人一起看书是一件轻松惬意的事情。这些活动时间随意、目的性不强、位置不固定、形式不拘一格，设计时要对其照明和座椅的设置进行研究，必须准确地把握分寸，使空间紧凑、布局合理。如图 4-4 所示的客厅与书房用镂空隔断进行划分
临时性休息与收纳	经常有客人需要临时住宿的情况，对于中小户型来讲，这时客厅需要具备休息的功能。解决的方法是考虑使用一个多功能沙发床，平时可以用作座椅，兼顾收纳，来客人时可以打开作为床铺使用

（二）流线规划

客厅是家庭的交流中心，也是通往各个空间的场所，因此规划流线是非常重要的。客厅会和其他相邻的空间连接，比如通向卧室、餐厅、厨房、走廊或是阳台。客厅应该是整个家居环境中行走最为顺畅的区域，无论是中间横穿式的客厅，还是侧边通过式的客厅，首先必须确保居住者进入客厅以及穿过客厅的通畅性。在条件允许的情况下，保证客厅的摆设不要太过烦琐，避免行走路线受阻。

（三）陈设布局

以家具的摆设进行区域划分是客厅布局常用的手法。沙发、柜体、艺术品等经过布置，既可以用于软隔断，又不影响空间的一体化。以沙发为中心的布局一般有三种形式。①L 形平面布局，适用于面积较小的客厅，如图 4-5 所示。②U 形布局。U 形布局适合面积较大的客厅，座位数也相对较多。将沙发或坐具布置在茶几的两侧，开口对着电视背景墙、壁炉或者最吸引人的装饰物，从而营造出庄重气派、亲密温馨的氛围，使人能够轻松自在地交流，如图 4-6 所示。③相对式布局。相对式布局是三人沙发或者双人沙发与单人沙发放置在茶几两边，形成面对面交流

图 4-4　客厅里的工作区域

图 4-5　L 形布局的客厅

的状态。这种布局形式私密性较强，谈话双方不容易被外界干扰，如图 4-7 所示。

图 4-6　U 形布局的客厅　　　　　　　　　　图 4-7　相对式布局的客厅

　　客厅不但承担着起居的主要功能，同时也会起到临时就寝和工作的功能。当开间不断扩大时，可以更加自由地布置沙发，形成不同的家具组合模式，同时也增加了舒适性；而进深不断增大，可以摆放的家具也就越多。表 4-3 所示是常见的小面积客厅空间的组合尺寸。

表 4-3　常见的小面积客厅空间的组合尺寸

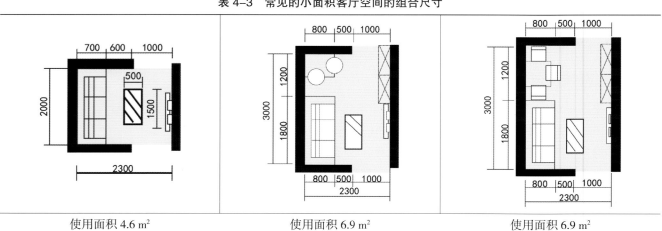

使用面积 4.6 m²　　　　　　　使用面积 6.9 m²　　　　　　　使用面积 6.9 m²

开间小时，可放置一字形沙发，随着进深的增大可布置不同人数的餐桌。

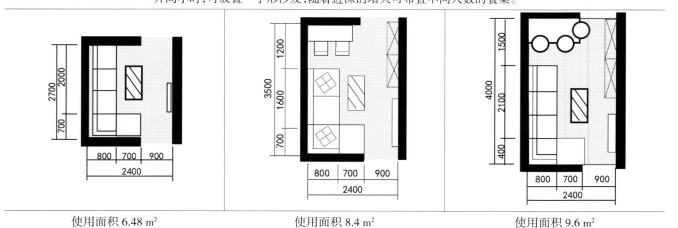

使用面积 6.48 m²　　　　　　　使用面积 8.4 m²　　　　　　　使用面积 9.6 m²

在此开间下，可布置紧凑 L 形沙发，随着进深的增大可布置不同人数的餐桌。

续表

| 使用面积 9.18 m² | 使用面积 10.53 m² | 使用面积 11.61 m² |

开间增大,可以布置较为舒适的 L 形沙发,随着进深的增大可布置不同人数的餐桌。

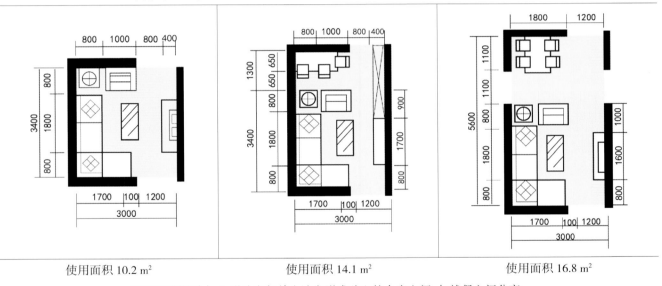

| 使用面积 10.2 m² | 使用面积 14.1 m² | 使用面积 16.8 m² |

开间和进深增大,L 形沙发与单人沙发形成独立的会客空间,与就餐空间分离。

(四)客厅的界面设计

　　客厅的顶面需要根据层高来设计,不能盲目追求奢华。我国住宅建筑的毛坯房层高一般在 2600～3300 mm,层高过低的空间不宜满铺吊顶和选择造型烦琐的吊灯,尽量以简洁的形式为主,如图 4-8 所示。客厅墙面是装饰的重点区域,面积较大,位置比较明显。设计时应注重墙面与整个室内装饰、家具布置的背景融合为一个整体,以简洁为主,色调最好选择较为明亮的颜色,使空间明亮开阔。客厅的背景墙是家庭形象的浓缩,对整体装修风格起着统领的作用。设计师应该充分利用专业知识,结合家庭成员特点、地域文化、时代趋势设计出造型优美的墙面装饰,如图 4-9 所示。客厅的地面材质可以选用地砖、石材、木地板、水磨石、混凝土、地毯等材料,需要根据空间的大小来选择所用的材料的大小,常用的地砖规格为 500 mm × 500 mm、600 mm × 600 mm、800 mm × 800 mm 等,要考虑到耐磨、耐脏、易清洗、防滑等要求。如果面积较大,为了丰富视觉效果,可选用拼花图案,或者两种铺设角度。使用时应对材料的肌理、色彩进行合理选择。材质种类的区分也是有效地划分客厅空间的一种方法,比如铺设地毯就可以限定区域,但是切忌种类过多。

图 4-8　简洁的顶面装饰　　　　　　　　图 4-9　新中式风格的电视背景墙

（五）主要风格分类

1. 欧式古典风格

欧式古典风格强调以华丽的装饰、精美的造型达到雍容华贵的装饰效果。此风格继承了巴洛克风格中豪华、动感、多变的视觉效果，也吸取了洛可可风格中唯美、律动的细节处理元素，受到高收入人群的青睐。但是，其因造价高、工期长、施工标准要求高等特点，更适合在别墅、大户型中运用（见图 4-10）。

2. 中式风格

中式风格空间中的主体装饰物多为中国画、宫灯、窗棂、屏风、紫砂陶等饰物。这些装饰物数量不宜过多，在空间中起到画龙点睛的作用。受大众审美趋势的影响，中式装饰风格的客厅不再拘泥于传统的朱红、绛红、咖啡色等色调，也开始尝试使用白色、孔雀蓝、湖蓝、玫瑰紫等色调，使客厅在庄重规矩的同时增添了轻快的畅意。许多有能力的设计师通过对传统文化的认识，将现代元素和传统元素结合在一起，以现代人的审美需求来打造富有传统韵味的空间，使传统艺术与当今社会得以完美融合（见图 4-11）。

图 4-10　欧式古典风格客厅　　　　　　　　图 4-11　中式风格客厅

3. 现代简约风格

整体设计体现的是简约而不忽略功能的风格理念。简约风格客厅的色彩大多以黑白灰色调为主，由直线和非对称构图造型，清爽理性（见图 4-12）。

4. 地中海风格

地中海风格代表的是一种休闲放松的生活方式。这种风格装修的客厅，空间布局形式自由，颜色纯净、饱和度较高。蓝与白、土黄与红褐均为这一风格主打的色系。在造型设计上多利用曲线，集装饰与应用于一体，避免琐碎，显得大方、自然，散发出古老尊贵的田园气息和文化品位（见图4-13）。

5. 时尚混搭风

近年来，室内布置中也有既趋于现代实用，又吸取传统的特征，在装潢与陈设中融古今中西于一体。优秀的混搭风格要求设计师具有比较好的文化修养和专业功底，能够使风格多而不乱，善于把握物品相互之间的关系与协调（见图4-14）。

图 4-12　现代简约风格客厅

图 4-13　地中海风格客厅

图 4-14　时尚混搭风客厅

二、卧室的室内设计

卧室，又被称为卧房，是供人睡觉、休息的地方。家庭住宅中有主卧、次卧，或者分为主人房、儿童房、老年人卧房、客房。在卧室的设计上，追求的是功能与形式的完美统一，在时尚的同时要力求简洁、优雅独特、凸显个性的设计风格。卧室主要用于睡眠休息，属于私人空间，不向客人开放，保证主人的舒服放松是设计的首要目标。卧室的主要功能及配置如表4-4所示。

表 4-4　卧室的主要功能及配置

主要功能	设计要点	家具配置
睡眠功能	在设计卧室时，首先要考虑床的位置，然后依据床的位置来确定其他家具的摆放方式。也可以说，卧室中其他家具的设置都是围绕着床而展开的。床和床饰的风格选择很大程度上将影响整间卧室的空间设计，相对而言床饰更能改变整个卧室的风格。卧室面积有限时，床可以靠墙角布置，其他家具陈设应尽可能简洁实用；面积较大时，床可安排在房间的中间。床不宜放在临窗位置，因为靠窗处冬天较冷，夏天又太热，而且开关窗户不便。为避免强光直射，床应尽量安排在光线较暗的位置，且不宜放在近走道或客厅的一边，以防外面的声音破坏室内的安静	床、卧榻、沙发或其他卧具

续表

主要功能	设计要点	家具配置
梳妆更衣	根据空间的大小，梳妆、更衣两部分区域可以做组合或独立式设计。梳妆区域主要有梳妆台，放置护肤、美颜的化妆品等，如图 4-15 所示。如果条件允许，最好在卧室内设置更衣室，按照季节或场合对衣物、鞋品进行收纳分类，如图 4-16 所示	梳妆台、凳、椅、更衣柜（空间面积较大）
放置收纳	根据卧室中收纳物品的种类不同可以进行分类收纳。如床上用品可以放置在床下的箱体空间中。在衣柜内部，可以增加拉篮、抽屉、分物格等配件进行管理，把有关联的物品进行集中收纳，如图 4-17 所示	衣柜、床头柜、屉柜、床下箱体等
学习办公	居室中如果不具备设置独立书房的条件，卧室因为安静、私密的功能设置，一般成为家庭学习办公的首选。许多家庭卧室中会有书桌，或者在卧室中单独隔离出来一片区域，用于读写。一般书桌、椅子不会同床太贴近，以免干扰睡眠者，如图 4-18 所示	书桌、办公椅、书架（空间面积较大）
娱乐休闲	电视一般与床相对布置，面积较大的卧室，可在与电视相对处摆放休闲沙发。卧室娱乐休闲区如图 4-19、图 4-20 所示	壁挂式电视、投影仪、DVD/CD 架等
卫浴清洁	基于干湿分离的设计理念，卧室的卫浴间设计有独立和组合两种。对于面积较大的卧室，卫浴间里的洗漱、蹲便器、洗浴的区域会相对独立设置。为了增强空间的通透感，现在很多卧室内的卫浴间采用玻璃材质做隔断，需要隐蔽的时候将浴帘闭合，不用时开启。在装修布局时应使卧室与浴室之间保持一个相对便捷的位置，以保证卫浴活动隐蔽并便利，如图 4-21 所示	洗漱、卫浴设备

图 4-15 卧室内部设置梳妆台

图 4-16 卧室内部设置更衣室

图 4-17 卧室墙面有充足的收纳空间

图 4-18 卧室内一角为工作空间

图 4-19　符合个人爱好的卧室设计

图 4-20　卧室内窗边休闲区

（一）卧室的界面设计

1. 卧室的顶面设计

为了减少视觉上的压抑感，让人安心睡眠，卧室最好不要采用繁复的吊顶造型，以简洁明亮为主。为避免楼层间的噪声干扰，要考虑顶面的隔音处理。技术处理的手法是在顶面中间层中加入一些吸音、隔音材料，如吸音棉、高密度泡沫板、布艺吸音板等，如图 4-22 所示。

图 4-21　通透的卧室卫浴间设计

图 4-22　简洁隔音的卧室顶面设计

2. 卧室的墙面设计

卧室的墙壁处理越简单越好，通常是刷涂料或者贴壁纸，除床头背景墙的造型需要着重设计外，卧室内其他墙面应该以简洁为主。在床头增加一块软包背景墙，主要作用在于强调装饰效果和防碰撞，同时也可以起到一些吸音、隔音的效果，如图 4-23 所示。卧室的壁饰不宜过多，应与壁面材料和家具搭配得当。卧室的风格在很大程度上不是由界面决定的，而是由窗帘、床罩、家具等陈设品或软装饰决定的，它们的面积较大，图案、色彩往往主宰了卧室的格调，成为卧室的主旋律。

卧室墙面装修的技术重点在于装修材料的选择和墙面隔音方面。为保证睡眠环境的舒适度，卧室最好配备遮光窗帘和墙体隔音设备。隔音效果较好的窗户玻璃主要有中空玻璃、夹胶玻璃和真空玻璃几种，其中真空玻璃的隔音性最好。常见的隔音材料有隔音板、隔音棉、隔音垫、隔声毯等。另外，一定面积的室内绿化也是隔音的方法之一。

3. 卧室的地面设计

地面装修材料可选择地砖、地板和地毯。大多数情况下，地板和地毯能够保证脚感舒适、静音，被选择的概率较高。在选择地面装修材料时要注重其环保性，避免空间污染，如图 4-24 所示。

图 4-23　床头背景墙隔音设计

图 4-24　舒适的卧室地面设计

图 4-25　淡雅的卧室色彩设计

(二) 卧室的色彩设计

卧室的色彩基调主要由两方面构成——界面色彩和配饰色彩，两者的色调搭配要和谐，不宜过于丰富和杂乱。设计时要先确定一个主色调，再以界面色彩作为背景色，大面积的布艺陈设作为主题色，如图 4-25 所示。界面色彩作为背景色要简洁、淡雅，窗帘和床上用品可以选择色彩图案丰富的。窗帘和床罩等布艺饰物的色彩和图案最好能统一起来，以免房间的色彩、图案过于繁杂，给人凌乱的感觉。年轻人的卧室应选择新颖别致、欢快、富有轻松感的图案；老年人的卧室宜选用中性色，明度不宜过高，图案花纹也应细巧雅致；儿童房的颜色宜新奇、鲜艳一些，花纹图案也应活泼一点。对于面积较小的卧室设计，装饰材料应选明度较高的色调、较小的图案纹理。

(三) 卧室的照明设计

卧室是家居生活中最重要的睡眠空间，所以对于光源的要求以柔和为主，这样的光源最适合人进入平静安稳的情绪，从而利于入眠。目前一些设计感较强的卧室，通过对人们在卧室活动需求的调研，尝试去除主光源，仅用分区照明也能满足功能需求，避免了卧室中有强光照射。如工作区域的照明需求应该是 300 lx 以上的照明值，灯具一般都是书写台灯，床前照明要求考虑使主人进入平和的状态，利于睡眠，灯光设计就不能太亮，干扰睡眠。反之，对于有睡前阅读习惯的人来说，床头灯又不能过暗，最好选择能够灵活移动，还能调节光线强弱的台灯。除此之外，壁灯也是很好的选择，通过墙壁反射的灯光比较柔和。总的来说，卧室的灯光要保证柔和的光线，以免产生眩光，营造一种安静舒适、利于入眠的环境。各个区域灯光要求的照明值不同，需要特别考虑，总结如下：

(1) 对室内进行分区照明，形成灯光层次。

(2) 起居照明优先考虑，避免出现大片暗区或灯光死角。

(3) 采用间接照明，尽量减少直接照射光线，避免眩光。

（4）设置小夜灯，便于夜间如厕。

（5）尽量设置双控线路，以便使用。

（6）主光源不宜安装在床的正上方，以靠近床尾或床尾凳上方为好。

（7）对于老人和儿童等特殊人群，卧室的照明要有特殊考虑。

三、书房的室内设计

在传统认识当中，书房是进行书籍阅读、修身养性的场所。随着网络时代的到来，人们获得信息的渠道不再拘泥于书本这种单一的方式，读书的状态也有了时代性改观，"读书"的概念被延展为借助网络随时随地进行资料获取。读书与工作的界限逐渐模糊，书房等同于工作室。现代书房的功能朝着多元化发展，常被用于阅读、工作、上网、家庭教育、密谈、展示和储藏等。

（一）书房的基本布局

一个合理有序的空间布局将大大提高工作的效率和舒适度，并给书房空间带来良好的视觉效果。书房的平面布局及空间组织有多种方式。书房中体量比较大的家具是书橱和工作台，两者可以平行陈设，可以垂直摆放。书桌可与书柜两端或中部相连，形成一个工作区。工作台一般与窗户成直角，这样自然光线的角度较为适宜。面积不大的房间可沿一面较整体的墙将书橱、工作台全部容纳，减少通道面积，充分利用空间；面积若较富足，则各功能区可各自独立布置而营造一种闲适放松的空间氛围，如图 4-26 所示。

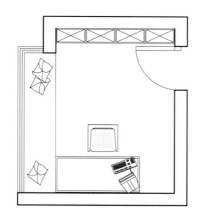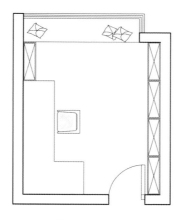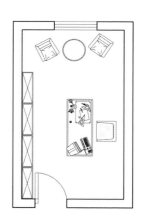

图 4-26　常见的书房布局

（二）书房的陈设

书房的组成基本可分为四个部分：工作台、坐具、办公设备、书柜。

1. 工作台

工作台可以是书桌或者电脑桌。台灯和电脑是现代工作台上必不可少的物品。除此之外，一些工艺品和摆设经常放置于台面上。设计时需注意工作台台面上的物品摆设要井然有序，不会导致工作台凌乱。

2. 坐具

需要根据书房的功用和面积进行坐具的安排。书房如果面积较大，考虑兼有接待、谈话功能，除了一把舒适的工作座椅之外，还应该布置双人沙发或者两把单人沙发。空间若不够宽敞，最好可以准备折叠座椅，不用时可以收起，节约空间。舒适度是首先考虑的问题。

3. 办公设备

根据不同的工作性质，书房需要配备多种器具与设备，如电脑、打印机、纸张粉碎机、传真机等，为避免杂

图 4-27 对称式书柜

乱，要根据使用频率来决定这些设备的摆放。外形较大的设备可做敞开式放置，比较小的零散的文具用品要进行收纳，保证书房井然有序。

4. 书柜

书柜的款式大致可分为三种，对称式、均衡式和不规则式，如图 4-27~ 图 4-29 所示。

（三）书房的风格设计

1. 中式风格

书房是居室空间中最容易彰显中式东方美学风格装修的区域。中式装饰材料以实木为主，多用雕刻和彩绘，造型典雅，色彩多以沉稳深色为主。空间讲究层次感，多用隔窗、屏风进行分隔。古朴厚重的实木书桌、冷峻深远的光感给人以清醒沉静之感，而简约大气的博古架陈设衬托出主人的气质品位，如图 4-30 所示。

图 4-28 均衡式书柜

图 4-29 不规则式书柜

2. 现代简约风格

现代人面临着城市的喧嚣和污染，往往更加向往自然、随意的居室环境。越来越多的都市人开始摒弃繁缛豪华的装修，力求拥有一种自然简约的居住空间。在书房家具配置上，金属质感、亮光系列家具，使舒适感与美观并存。在配饰选择上，多使用淡雅的主色调，以简洁的造型、完整的细节营造出时尚前卫的感觉。干净明快的线条、温馨明亮的光线，给爱读书的人们创造一个宁静、丰富的精神场所，如图 4-31 所示。

3. 欧式古典风格

欧式古典风格书房的软装颇为丰富，被翻卷边的古旧书籍、颜色发黄的航海地图、乡村风景的油画、一支鹅毛笔等装饰品经常出现在这类风格的书房中。欧式古典风格总是带有些许复古和怀旧的味道。在书房里铺上一块合适的地毯，使工作和读书变得轻松了许多，可以瞬间提高空间的温馨感。欧式古典风格中橄榄绿、浅棕、米白、深蓝等格调受到了很多年轻人的喜爱。明亮的落地窗给书房带来了充足的照明，宽敞的书桌给思绪的任意畅游提供了无限可能，如图 4-32 所示。

图 4-30 中式风格的书房

图 4-31 现代简约风格的书房

（四）书房的照明设计

书房的光线应该以冷色调为主，这样的色调容易使人平静。灯光选择无色系，白炽灯、荧光灯都是很好的选择。书房内需安置一盏主光源，书桌台灯配置的最佳位置是令光线从书的正上方或左侧射入，不要置于墙上方，以免产生反射眩光。在书房中摆放书柜、展示柜或是装饰画的位置，也可以根据需要和喜好安置射灯、壁灯等，起到画龙点睛的效果。书房中灯具的造型，应符合一般学习和工作的需要，尤其是书桌上配置的台灯，除却要足够明亮，材质上也不宜选择纱罩、有色玻璃等装饰性灯具，以达到清晰的照明效果，如图 4-33 所示。

图 4-32 欧式古典风格的书房

图 4-33 书房的照明设计

四、餐厅的室内设计

随着生活条件的改善，人们对于居室中的用餐环境也提出了越来越高的要求。餐厅不仅要为家庭成员提供一个饮食场所，还要有宴请亲朋、提供短暂劳作休息等功能。餐厅空间的设定、布局取决于使用者的生活与用餐习惯，在室内可以较为灵活地设置和安排，目的是使用餐环境便捷、安静、舒适。

图 4-34 独立式餐厅

（一）餐厅的类型

根据空间的大小，可将餐厅分为独立式餐厅（见图 4-34）、餐厨式餐厅（见图 4-35）和客厅内的餐厅（见图 4-36）三种类型。面积较大的居室中常常将距离厨房较近的房间作为餐厅使用，内部家具陈设比较齐备，设计较为讲究。只要空间允许，为了上菜便捷，国外许多居室中的餐厅设置在厨房内部。这种设计对厨房配置要求较高，比如无油烟的烹饪过程、较好的环境设计等。厨房中岛与吧台相结合的布局会提供较为轻松的就餐环境。就现阶段来说，我国大部分家庭没有过大的空间，餐厅通常采用开放式的格局，与客厅相连。一方面可使餐区看起来宽敞，另一方面还可丰富室内的景观。这种布局使用空间限定的方式是利用实体隔断，或者利用吊顶落差与造型、地面材质的变化和落差进行软隔断，打造餐厅的围聚性是对人们心理需求的考虑。

图 4-35 餐厨式餐厅

图 4-36 客厅内的餐厅

（二）餐厅的色彩设计

餐厅的色彩应该以轻快明朗的色调为主，这样能够很好地刺激食欲，能够给人一种温馨感。家具和布艺的色彩要合理搭配，统一协调，切忌色彩过多，造成视觉刺激。比如说家具的颜色较深时，可以搭配清新明快的淡色或是用绿白、蓝白、红白相间的台布来衬托。在进行整体色彩搭配时，地面色调可以深一些，墙面可以选用中间色调，增加稳重感。对于餐具、陈设品的搭配，可以选择跳跃性较强的色系，它们可以为整个环境做点缀，增添用餐时的温馨气氛。与客厅相通的餐厅，设计时要考虑与客厅的风格和色彩相统一，注意空间相互的联系，如图 4-37、图 4-38 所示。

图 4-37 明朗的餐厅色彩 1

图 4-38 明朗的餐厅色彩 2

(三) 餐厅的照明设计

餐厅的照明设计要突出特色、氛围，色调要求柔和、宁静，亮度适宜，与环境、家具、餐具等相匹配，构成视觉的整体感。餐厅的照明方式以局部照明为主，造型美观的灯具可以成为餐厅装饰的点睛之笔，充分地烘托出用餐氛围。使用辅助灯光是为了以光影效果烘托环境，可以在吊顶下方、餐柜内部、陈设品顶部设置。辅助光源亮度要低，突出主要光源，光影的安排要做到有次序感。好的设计能够充分利用灯光效果进行空间艺术的演绎。突出餐厅的光影效果，有助于增加食物的质感。

(四) 餐厅的陈设设计

墙面可布置一幅或一套装饰画。优雅的画使人产生稳定、平和及沉静的感觉，也能提升人在进餐时的胃口；相反的，过于刺激、跳动感或韵律感太强的画，则不适合摆挂在餐厅墙面上。壁画、餐具、鲜花、水果等，随时都可用来装饰餐区，这些装饰物可以变动，可增加或减少，使空间生动。室内绿植能表现出清新、自然的气息，色彩娇艳、姿态微妙的花草使餐厅得以改善空间效果。餐厅的装饰除了满足其使用功能之外，还应运用科学技术与艺术手法，创造出功能合理、舒适美观、符合人心理及生理要求的环境，如图4-39、图4-40所示。

图4-39　餐厅陈设1

图4-40　餐厅陈设2

五、厨房的室内设计

厨房实质就是一个劳动空间，创造一个怎样的劳动环境，与人的需求有直接联系。要紧紧围绕人的需求来设计，在有限的空间中最大可能地为人提供方便、高效、安全、舒适的厨房工作环境。现代人对厨房空间要求的功能类别也在逐渐增多，除了操作上对其提出功能性的要求外，厨房更成为人们休闲、娱乐、沟通情感的家居场所，人们对厨房的要求已经不单纯是提供做饭的场所。厨房设计是否合理将会直接影响到人们的居住生活质量。

(一) 厨房的功能

现代家庭中，越是工作繁忙、城市节奏快，人们越渴望与家人、朋友进行交流互动，吃饭占用了人一天中八分之一的时间，利用好厨房空间进行交流是很好的方式。现代厨房的功能主要有三个转变：一是使用人群的转变，由单人行为转变为公共行为，即从个人负责全部厨房工作转变为提倡家人共同参与；二是空间性质的转变，由封闭空间转变为公共空间，厨房不再是下厨者专属的区域，而是全家人的家庭生活空间；三是空间功能性的转变，由基础烹饪功能转变为情感交流功能，厨房空间的功能性增强，从基本做饭的地方转变为家庭娱乐、情感交流的场所（见表4-5）。

表4-5　现代厨房功能列表

烹饪功能	包括烹饪前的准备及烹饪时的操作。烹饪前的准备有洗、切、准备佐料等工作。要特别注意中国特色饮食文化和烹调方式，以炒、烧、炸、煎为主，容易产生大量油烟，选择相应设备时要予以充分考虑
加工、清洁功能	包括对果蔬、肉类等的清洁、加工及处理；对餐具、炊具、餐台等设施的日常清洁和维护。设计时要考虑设备配合的具体点位与其他管线的空间关系，力求一次设计施工完成
储藏功能	储藏功能是实现厨房美观、实用、方便的重要功能，主要是与厨房操作活动相关的各类用品的储藏，包括食品类、餐具类、炊具类、电器类、去污清洁品类等用品的分类储藏，以及废弃物的存放
就餐功能	用来满足用户的就餐需要
交流、娱乐功能	随着厨房概念的延伸和人们生活方式的变化，厨房逐渐承担一些交流与互动的功能，如交谈、聚会、娱乐等，开始向家庭生活中心转变，让家务劳动变得轻松愉快

（二）厨房的分类

厨房空间布局的合理与否直接关系到人们在厨房中操作的方便性与快捷性，也关系到生活的舒适度和幸福的满意度。由于不同的家庭、使用人群对厨房的需求不尽相同，因此，要将厨房的基本类型、布置形式甚至人机功能分区细化，找出其共性和个性来满足不同居住者的需求。厨房的基本类型可分为两大类：封闭式和开放式。在此基础上，又常将其分为三种基础类型：独立式厨房、餐厅式厨房、起居式厨房。独立式厨房是把高效率的烹饪作业放在首要位置去考虑的，与就餐、起居、家事等空间分隔开而形成专用独立空间，如图4-41所示；餐厅式厨房是把烹饪、就餐作为首要因素去考虑的一种空间形式，如图4-42所示；起居式厨房是把烹饪、就餐、起居的行为组织在一个空间范围内，使其成为全家人交流的空间，如图4-43所示。

图4-41　独立式厨房

图4-42　餐厅式厨房

图4-43　起居式厨房

（三）厨房的平面布局

根据厨房、灶具布局的形态特征以及厨房与餐厅、起居室等的间隔形式，可将厨房的平面布局分为 I 形、II 形、L 形、U 形和岛形，如表 4-6 所示。厨房中家电与设备的排列组织方式是对空间和平面布局影响最大的因素。较小户型空间中厨房空间也较为紧凑，厨房的排列形式主要是 I 形和 L 形。

表 4-6　厨房平面布局分类

序　号	类　　别	特　　征	图　　例
1	I 形	I 形布局是既简单又常见的布局形式，尤其适用于面积狭小、形状狭长的厨房空间。这种空间结构的厨房工作区以及内部设备的组合成一字形布置，需要注意的是要保证通道的畅通、无障碍	I 形厨房
2	II 形	II 形布局相对于 I 形布局的开间宽度相对要大，是在厨房相对的两侧进行布置。这种布置形式可以重复利用厨房的走道空间，较为经济合理。适用于面积狭小、相对独立的厨房空间	II 形厨房
3	L 形	L 形布局是指工作区从墙角向两边分别展开形成 L 形，为了节省空间，可以将辅助设备设置在布局侧面。这种空间结构的布局形式整体美观、储存量大、适用范围较广，既适用于格局方正的厨房空间、面积小而独立封闭的厨房空间，也适用于起居式开放的厨房空间	L 形厨房
4	U 形	U 形布局是指依照墙体形态布置围合成 U 形，一般适用于面积较大、格局方正的厨房空间	U 形厨房
5	岛形	岛形布局通常是在较大的厨房空间的中间位置设置一个独立的工作台或料理台，适合多人参与厨房工作或家庭团聚，从而增进人与人之间的情感交流	岛形厨房

　　■ 储藏区　　■ 配菜区　　■ 备餐区
　　■ 洗涤区　　■ 烹饪区　　■ 操作台面

（四）厨房的工作流线

根据厨房空间功能要求，要保证操作区、储藏区、设备区、通行区空间的完整性及设计的合理性。合理的设计能使使用者缩短 60% 的往返行程和节省 27% 的操作时间，可大大提高劳动效率。如完成厨房的服务功能，根据内容安排工作程序，设计中家庭厨房作业内容可分为餐前加工、餐后整理两大部分，作业顺序按照由生食品加工到熟食品烹饪过程安排，同时兼顾餐后的餐具清理、食品的存放，这一必备程序的合理设计能使繁杂的炊事劳动有序、高效地完成。由此可见，厨房中的活动内容虽然繁多，但合理的设备布置和活动方式可以减少工作的奔波，充分发挥设备的作用，使厨房工作井然有序，效率提高。图 4-44 所示为不同厨房的工作流线。

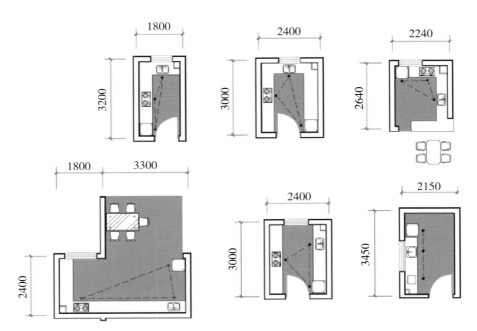

图 4-44　厨房工作流线图

（五）厨房的空间格局

1. 操作空间

操作空间是厨房的最基本空间，其本身可概括为三部分：①清洗空间，是操作者于洗涤池前进行蔬菜、餐具等洗涤所使用的空间；②准备空间，是操作者于操作台前进行烹饪前的准备以及餐后整理活动所使用的空间；③烹饪空间，是操作者集中于灶台前进行烹饪、加工食物时所使用的空间。

2. 储存空间

储存空间是厨房内部用于摆放、整理食品原料、厨房用具（见表 4-7 和图 4-45）所使用的空间。

表 4-7　厨房用具一览表

储藏用具	食品储藏		电冰箱、冷藏柜
	物品储藏		地柜、吊柜等
洗涤用具	排水设备、洗物盆、消毒柜、垃圾桶		
调理用具	面板、榨汁机、食品切削机具、食品料理机		
烹饪用具	灶具、电磁炉、电饭锅、微波炉、烤箱等		
进餐用具	进餐时的用具和器皿等		

图 4-45　现代化的烹饪用具

3. 设备空间

设备空间是厨房内部用于炉灶、洗涤池、排烟换气管道设备、上下水管线等设备放置所使用的空间。

4. 流通空间

流通空间是设备之间在考虑方便使用的情况下所预留的一定可通行的过道空间。

（六）厨房的色彩

为了保证厨房空间环境的整洁、明快、卫生的特点，厨房内部一般会采用色彩明度较高的橱柜设施，并且在劳动强度相对较高的地方用眼较多，色彩明度较高的橱柜设施可以有效地调节室内光线，其辨识度更高从而减少用眼疲劳，如图4-46、图4-47所示。

图 4-46　厨房色彩设计 1

图 4-47　厨房色彩设计 2

（七）厨房的照明

1. 主照明

主照明一般用于照亮整个空间，给厨房提供一个均匀、明亮的基础灯光，因此在选择灯具上一定要考虑灯具的发光角度以及灯具的功率。从实用性上考虑可以选择一些具有防护功能的灯具，最大限度地减少灰尘、油污影响，比如吸顶灯、嵌入式厨卫灯、筒灯等，如图4-48所示。

2. 功能照明

图 4-48　厨房照明

在吊柜下部安置底灯可用于台面及水槽位置照明，主要作为补充性局部照明，改善橱柜操作台主照明光线不足，避免工作时的阴影，确保看得真切，备菜、洗菜、切菜、烹调都能安全有效地进行，并且还具有一定的装饰效果。

3. 环境照明

环境照明灯主要用于装饰美化空间，如层板灯、橱柜内照明灯等，透过玻璃门板散发独特光芒，优雅、简约、灵动。设计巧妙，不仅用作厨房装饰的点缀，同时丰富厨房周围环境的装饰效果，营造良好的空间氛围，彰显主人独到的审美品位。

（八）厨房的建材

传统厨房使用的材料主要有金属材料、玻璃、木质材料、烤漆材料、石材、瓷砖等，无论是什么材料，其运用目的都是满足用户使用上的需求。厨房的地面宜用防滑、耐脏、易于清洗的瓷砖，且接口要小，防止积藏污垢，要便于打扫卫生。墙面宜选用防火、抗热、易于清洗的材料，如釉面瓷砖。厨房的顶面多选用防水、不易变形的铝板吊顶等。操作台台面以人造石、不锈钢材质最常见，易于冲洗。尤其是人造石，其可塑性、耐老化、耐候性较强。天然石材硬度大，不适合制作较长的台面，价格也较为昂贵。归纳起来，厨房建材的选用需要注意以下几个问题：

（1）无毒无味。厨房里的产品都是与我们的身体健康密不可分的，要确保每件产品必须无毒无害。

（2）耐高温。厨房要用明火或暗火来烹饪食物，接触高温的频率是电器用品中最高的，因此要求厨房产品具有耐高温性，才能在厨房使用中保证安全。特别是炊具、进餐用具等都会接触到高温，因此要在高温下保持较强的稳定性。

（3）耐腐蚀性。厨房中各种各样的食物、调味品等物品有酸性的、有碱性的，当这些食物长时间搁置在产品中时，它会具有一定的化学腐蚀性，有些材质在长时间接触强酸碱性物质时会释放出有害的微量元素，对人体造成伤害。因此，我们在挑选厨房用品材料时，应对材料的耐腐蚀性有清楚的了解。

图4-49 易清洁的厨房建材的使用

（4）易清洁。在餐前餐后，清洁是厨房生活中不可或缺的行为，人们每天都要面对满是污渍与残余饭菜的餐具，容易清洗的产品总是很受欢迎，图4-49所示是易清洁的厨房建材的使用。

（5）耐用。牢固可靠，结实耐用。

（6）易加工。材料的多样性无疑会给设计师带来更大的创意空间，但是需要易于加工。

（7）经济性。保障性住房的厨房还需要考虑到材料的经济性原则，应尽可能采用性价比高的材料。

六、卫浴间的室内设计

卫浴间设计的水平不仅是反映住宅舒适程度的重要标志，在高标准的居室中更多地体现着一种个性化、情趣化。众所周知，卫浴间是居室内非常重要的空间，是功能最多、使用最频繁的空间，其设计涉及设备、管道、材料、环保、卫生等方面。现代家居空间中卫浴空间设计，已从以前单纯满足实用功能主义逐渐演变到现在的时尚、人性化及功能化的综合生存空间领域设计，高科技的飞速发展和全球信息的多元共享，更是将卫浴空间提升到一个科技含量较高的共享空间范畴。如今，卫浴间已朝空间布局合理、功能齐全细化、高科技智能化、室内外沟通、舒适安全的人性化方向发展。现代卫浴间的功能主要有：

（1）洗漱：用于个人洗手、洗脸、漱口、梳头、剃须等。

（2）如厕：用于大小便及清洗。

（3）洗浴：用于淋浴和泡浴。

（4）洗衣：用于洗涤衣物等。

由功能可知，卫生间的设备一般分为四部分：洗漱单元、便溺单元、洗浴单元和洗涤单元。

（1）洗漱单元：洗面盆、水龙头。

（2）便溺单元：坐便器或蹲便器，以及冲洗、净身器。

（3）洗浴单元：热水器、浴缸、淋浴装置、地漏等。

（4）洗涤单元：洗衣机及专用水龙头、地漏等。

（一）卫浴间的布局

卫浴间的布局可以归结为独立型、兼用型和折中型三种形式。

1. 独立型

独立型卫浴间中的洗漱区、如厕区、洗浴室等分成各自相对独立的空间。独立型的优点是干湿分离，各个空间可以同时使用，相互干扰小，使用效率高；缺点是占用空间面积较大，装修费用较高。图4-50所示为常见的独立型卫浴间的平面布局，图4-51所示是独立型卫浴间的空间设计。

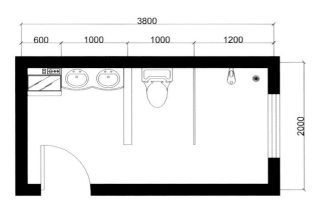

图 4-50　常见的独立型卫浴间平面布局

图 4-51　独立型卫浴间

2. 兼用型

兼用型的卫浴间是把洗漱台、坐便器、淋浴器等集中在一个空间中使用，节省空间，适用于目前大部分家庭情况，不足是多人同时使用空间时难免会相互影响。图 4-52 所示为常见的兼用型卫浴间的平面布局，图 4-53 所示是兼用型卫浴间的空间设计。

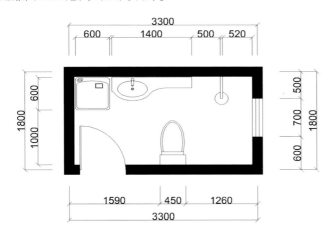

图 4-52　常见的兼用型卫浴间平面布局

图 4-53　兼用型卫浴间

3. 折中型

折中型卫浴间中有部分的独立分区，如洗漱台与洗衣机位于外室，而坐便器与泡浴区域独立成为一间。折中型设计使空间组合相对自由，缺点是仍然存在一些相互干扰的情况。图 4-54 所示为常见的折中型卫浴间的平面布局，图 4-55 所示是折中型卫浴间的空间设计。

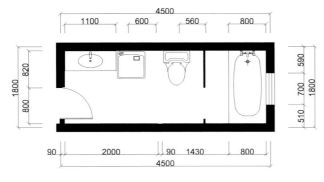

图 4-54　常见的折中型卫浴间平面布局

图 4-55　折中型卫浴间

（二）卫浴间的通风

卫浴间是排泄、盥洗、沐浴的空间，室内潮湿，夹杂着异味，如不及时排出，则影响空间的舒适度和装饰层（特别是橱柜面层）的耐久性。为避免卫浴间的家电和插座受潮，防止卫浴间潮湿的空气扩散到室内的其他房间影响空气环境，卫浴间必须考虑通风问题。

1. 自然通风

自然通风是利用门、窗形成对流，替换卫生间的空气，使空气保持清新。因此，卫浴间设计上一定要预留一面窗户，既可以起到通风作用，又可以解决采光问题。在一般情况下，卫浴间大多采用自然通风的方式。

2. 通风器通风

通风器通风是卫浴间通风的另一种方法，最为常见的就是排气扇。通风器通风的主要目的是较为及时地将湿气和异味排出卫浴间。无法开窗或者说自然通风条件差的卫浴间一般都会配备排风扇，保证卫浴间使用过程中和使用后的干燥、卫生。

（三）卫浴间的防水

由于每天都要跟水"打交道"，因此卫浴间中所有的下水管道，包括地漏、卫生洁具的下水管等，都要保持通畅。在卫浴间施工完毕后应做防水实验：地面防水实验的做法是封好门口及下水口，在卫浴间地面蓄水，达到一定液面高度并做上记号，24 小时内液面若无明显下降，特别是楼下住户没有发生渗漏，防水才算合格。卫浴间墙面尤其是洗澡区域也要注意防水，周围的墙面在进行防水处理的时候需要涂刷到 1.8 米高处。另外，为了防止卫浴间里的水跟电有直接"接触"，装修的时候一定要做好防护措施，卫浴间里的开关、插座等尽量都安装防水盖。

（四）卫浴间的风格

1. 现代简约风格

现代简约风格的装修时下应用最为广泛，比较经济实用，注重功能性，整体没有过多华丽的装饰，在线条上简洁干净，同时更注重色彩的搭配。简约风格还反映在家居配饰上的简约，以不占面积、折叠、多功能等为主，如图 4-56 所示。

2. 美式风格

美式风格没有太多造作的修饰与约束，在装修上体现在对各种仿古墙地砖、石材的偏爱和对各种仿旧工艺的追求上。如今，美式风格的装修设计成了许多人偏爱的卫生间装修风格，特别是美式复古风，以深色为主，利用古朴的洗面台打造温暖的居室氛围，是当下流行的新风尚，如图 4-57、图 4-58 所示。

3. 欧式古典风格

欧式古典风格重装饰、轻装修，在家装中易于出效果，所以较受高收入人群的欢迎。该风格强调力度、变化和动感，同时也强调装饰性。不过这种风格多适用于大面积房子，若空间太小，不但无法展现欧式装饰风格的气势，反而对生活在其中的人造成一种压迫感，如图 4-59、图 4-60 所示。

4. 地中海风格

一般情况下，地中海风格的卫浴间追求海天一色，不过也

图 4-56　现代简约风格卫浴间

图 4-57　美式风格卫浴间 1

图 4-58　美式风格卫浴间 2

图 4-59　欧式古典风格卫浴间 1

图 4-60　欧式古典风格卫浴间 2

有很多有较绚丽的颜色。总的来说，蓝色和白色是这个风格最主要的特色，同时也多采用拱门、马蹄形窗来呈现异域的格调，图 4-61 所示为地中海风格的卫浴间设计。

（五）卫浴间的照明

卫浴间的照明采用整体照明和局部照明相结合的方式。卫浴间的整体照明应采用不易产生眩光的灯具和措施。在灯具的种类选择上，一般宜选白炽灯。化妆镜旁需设置独立的照明灯，作为局部灯光补充。卫浴间不需工作照明，整体亮度不必过于充足，只要强调重点即可。

图 4-61　地中海风格卫浴间

（六）卫浴间的建材

1. 面材

卫浴间的使用频率比较高，因此装修的要求也就是要方便、安全，最好易于清洗，美观大方。由于卫生间的水汽很重，表面装饰用料必须以防水材料为主。浴室的墙壁和天花板所占面积最大，所以应选择既防水又抗腐蚀和防霉的材料来确保室内卫生，瓷砖、强化板和具有防水功能的塑料壁纸都能达到这样的要求。目前，大部分家庭采用多种花纹和颜色的防滑耐磨砖，并根据空间的大小配制多种规格，如 300 mm × 300 mm、200 mm × 300 mm、200 mm × 200 mm 等。墙面用正方形或长方形的装饰瓷片，配以腰线、花砖、踢脚线，增加整体美感。天然石料如大理石具有特殊的纹理质感，凸显奢华之风，比较适用于大面积的卫浴空间。

图 4-62　卫浴间五金配件

2. 五金配件

卫浴五金配件从字面上定义是指安装于卫浴间内部，悬挂、放置毛巾、浴巾、洗浴用品（如肥皂、沐浴露、洗手液、洗发水、润肤露、牙刷、牙膏、漱口杯等）的金属制品。图 4-62 所示为卫浴间的五金配件，表 4-8 所示为卫浴间的设备一览表。

表 4-8　卫浴间设备一览表

名　　称	种　　类	材质/结构	安装方式	能源消耗
洗面盆	台式 立柱式	陶瓷 钢化玻璃	落地式 壁挂式	
淋浴花洒	手提式 头顶式 定点式	铜 塑材 不锈钢	支架式 暗藏式	普通型 节水型
浴缸	方形 圆形 三角形 异形	钢板 亚克力 铸铁	独立式 嵌入式	普通型 节水型
淋浴房	一字形 转角形 圆弧形	钢化玻璃 亚克力	淋浴屏 淋浴房	
蹲便器	挂箱式 冲洗阀式	直冲式 虹吸式	回填 30~40 cm，在原有下水口 安装反水装置	普通型 节水型
坐便器	挂箱式 坐箱式 连体式	冲落式 虹吸式 喷射虹吸式 旋涡虹吸式	落地式 壁挂式	普通型 节水型
橱柜	壁挂式 立式	实木 防火板 水晶板	落地式 壁挂式	
洁身器	落地式 壁挂式	电子式 机械式	落地式 壁挂式	普通型 节水型
电器	浴霸、防水灯具、电吹风等			
五金配件	毛巾架、浴帘杆、卷筒纸盒、皂盒、衣钩等			

七、过渡空间设计

（一）玄关

根据《辞海》中的解释，玄关是指佛教的入道之门。在中国建筑室内空间设计概念中，玄关是专指住宅户内与户外之间的一个过渡空间，是人进入居室的第一个区域，是脱衣、换鞋、外出整装的缓冲空间，也有人把这个区域叫作门厅。从一定关系上讲，玄关是从中式传统民宅的"影壁"演变过来的，南方人称为照壁。影壁的功能是遮挡住外人的视线，即使是大门敞开，外人也不易看到宅内人的活动。同时，通过影壁在门前形成了一个过渡性的灰色空间，为客人进行导向，也让主人产生一种领域感，体现了中国人讲究礼仪、含蓄的住宅文化。

1. 玄关的功能

1）遮挡性

玄关对户外的视线产生了一定的视觉屏障，避免让人们一进门就对室内的情形一览无余。在居室设计中有部分房型在土建设计时考虑不周全，一般这些问题都是在二次装修时再去调整，可以通过设置玄关来缓和矛盾。

2）展示性

把玄关作为室内环境中一个着重的装饰区域，对主题空间的风格定位进行前序烘托，讲求门面效果。

3）保温性

在北方地区玄关可以形成一个隐形保护区，避免冬季开关门时寒风直入。

4）收纳性

在玄关设计上方便进出门时提取或摆放衣帽、鞋、钥匙、手机等物品，也可以简单地接待客人，收发快件包裹，使人们出入过程更加有序。所以，这里应该设置有鞋柜、衣帽架以及放置物品的平台。把功能和形式结合起来，使其与其他空间的连接变得自然有序。

2. 玄关的类型

1）独立式

独立式是把玄关单独地作为一个整体，常见于面积较大的户型。玄关是进入客厅的必经之路，可以设计成独立的墙面造型，这样使空间更加具有整体性，如图4-63所示；可以运用独立或嵌入式橱柜造型，下置鞋柜，上面则是放置物品的台面；可以设计为独立的屏风造型，对空间做更好的区分；可以做成一个整体衣柜，最大限度地满足了收纳的功能，这些都是独立式玄关的表现形式。

2）过道式

过道式玄关通常以"过道"的形式存在，以收纳等实用功能为主，如图4-64所示。

3）开放式

开放式玄关没有预留明确的玄关区域，进门后就可以直视居室内的环境。它主要以鞋柜或者软隔断的形式进行区域的划分，通过采用不同的隔断样式可以达到不同的玄关设计效果。此类设计既能起到分割空间的作用，又可以增加居室的空间通透感，如图4-65所示。

图4-63　独立式玄关

图 4-64 过道式玄关

图 4-65 开放式玄关

3. 玄关的设计风格

玄关的设计要注重实用性，并在造型上注重装饰风格。风格与材料的选择密不可分，玄关风格主要有：现代简约风格，常使用对比或者和谐的设计手法，玻璃、镜面、金属、木材等都可以选用，造型设计上也没有过多的限制；中式风格，常使用木质格栅或屏风作为隔断，能使空间产生通透与半隐半隔的互补作用，地面多采用木地板或者高档石材，古朴雅致；欧式风格，常使用极具欧美风格的铁艺、皮质、玻璃等材料。

4. 玄关设计

玄关在设计上并不是独立存在的，需要搭配装饰物、家具等，设计时要注意在色彩和风格方面的协调。玄关的顶部造型设计要重视装饰效果，灯具的选择和灯位的布置要与整体风格相一致。玄关的采光不容忽略，大部分情况下安装顶部照明，也可以做隔断夹层的隐形灯带，以此来丰富视觉效果。玄关地面的使用频率很高，也比较裸露，因此材质要具备耐磨、易清理兼顾美观的性能，适合选择瓷砖或者石材，丰富的图案设计可以为空间增添色彩。对于面积较大的空间可以设计豪华大方的玄关，空间有限时可以采用通透设计，以减少空间的压抑感。

5. 玄关的主要家具及陈设

在玄关有限的空间内，需要布置很多物件，如衣帽柜、鞋柜、壁橱、镜面、穿鞋凳、软装陈设等。

1）鞋柜

鞋柜作为一个具有收纳功能的家具，合适的尺寸是最基本的原则，同时要具备好的收纳功能，特别是小户型的装修，在不多占用空间的基础上，尽量提高收纳功能。鞋柜的尺寸依据人机工程学设计，鞋柜的进深一般为35~40 cm，如需要将鞋盒放到鞋柜中，则需要 38 ~ 40 cm 进深，而鞋柜层板高度设定在 150 mm 左右最为适合。鞋柜提倡选用实木材质，耐用且透气性较好。考虑到经济因素，颗粒板材质的鞋柜较为普遍。表 4-9 所示为鞋柜的种类。

2）隔断

对于进门就是客厅的空间，一面隔断可以起到必要的遮挡作用。隔断并不是一定要采用全封闭式的，若隐若现的隔断设计，既能保证空间通透的宽敞感，又可以起到美丽的装饰作用。图 4-66 所示为中式隔断的设计，图 4-67 所示为衣橱兼隔断的设计。

表 4-9 鞋柜的种类

嵌入式鞋柜	嵌入式的进门鞋柜不仅美观实用，而且大大地节省了室内空间。一般是利用墙面的空间，在墙体较厚且承重允许的情形下，可以在玄关处设计嵌入式鞋柜
平行式鞋柜	一般采用悬空的设计方式，在下方留出一个拖鞋的摆放区。上方的柜面上可以摆放绿植或相框作为装饰
阶梯状鞋柜	在满足收纳功能的同时也增加了趣味性，可以放置不同高度的鞋子，也可以在进门处设计一个换鞋凳子，方便更舒适地换鞋
成品鞋柜	现在市面上也有很多款式的成品鞋柜，既起到收纳鞋子的作用，还具有极高的装饰性，一举两得
其他	鞋柜还有多种组合款式，如鞋柜＋全身镜、鞋柜＋装饰／储物柜、鞋柜＋换鞋凳、鞋柜＋隔断、鞋柜＋挂衣区

图 4-66 中式隔断

图 4-67 衣橱兼隔断

（二）过道

居室中的过道是连接室内各个功能区的纽带，是到达各个区域的通道。除此之外，过道还可以具有收纳、休息、装饰的功能，所以过道的装饰一定要给予重视。

1. 过道的类型

从实用性的角度，可以将过道分为功能型过道和装饰型过道。

1）功能型过道

在居室面积有限，而过道宽度足够的情况下，如果需要放置和收纳书籍、收藏品等，在过道内可以放置一个简洁大气的储物柜，这样既不占用空间，又起到了很好的收纳和装饰作用。格子储物柜可塑性强，可化身为"藏书阁"或"储物柜"，隐藏着巨大的收纳空间，能使物品摆放有序、错落有致。封闭式的柜子适合用来收纳杂物，做成"顶天立地"式的尺度能最大化利用空间，保持过道整洁的外观，是崇尚简约主义的最佳之选。图 4-68 所示为功能型过道设计。

2）装饰型过道

如果过道不够宽敞，不易做内嵌或收纳空间，过道的实用

图 4-68 功能型过道

功能就不能体现，这种情况下的设计偏向于装饰，整体利用装饰画、镜面装饰、工艺品、灯光布置等来缓解过道空间的乏味无趣，让过道成为家庭的一道风景线。过道两面侧墙是可以发挥多种设计构想的，如大块面积颜色的错落搭配是体现品位的重要方式，给予视觉上最大的刺激。条件允许的情况下，过道一边的墙壁可以设计成巨大的落地玻璃窗，在室内就能欣赏窗外景色。此外，还可以设计成展现家庭生活的照片墙、画作收藏展示墙、为儿童预留的涂鸦墙，同时可以作为备忘录使用等。在过道的尽头，装饰画与桌几的搭配能迅速地提升室内格调，不仅适用于中式、复古欧式等偏成熟厚重的风格，也同样适用于文艺清新的风格，关键在于陈设单品的搭配选择。图 4-69 所示为装饰型过道设计。

2. 过道的界面设计

1）过道顶面

顶面设计起着协调整体空间氛围的作用，所以顶面设计不能一味追求吊顶本身的造型而忽略室内整体效果。如果整个空间高度比较高，吊顶可以做一些复杂的装饰，增加层次感，降低空间视觉效果的高度；如果空间高度一般，则最好用造型简单的平面吊顶。在具体设计时，要考虑建筑主要结构及设备管道的隐藏，因为吊顶里面一般有照明、空调等电气管线，应严格按规范作业，以避免产生火灾隐患。如果其他方面比较平淡，过道里最好的装饰就是灯具，一盏有设计感的灯具能迅速提升过道的美感。设计时应注意灯位的排列布置，考虑墙面装饰品的照明需求，避免光线过暗。

2）过道立面

过道立面面积较大，设计时应避免造成视觉上长而狭窄的感觉。除了照片墙、挂画、储物柜的设计外，护墙板的设计能使空间整体、统一。过道空间不可避免地会出现门和垭口，门的样式、色彩与材质要考虑室内整体风格，避免样式突兀。过道包上垭口会让墙体线条更加柔和，空间也会随之变得更加和谐，考虑与门的搭配会使室内一切相得益彰。

3）过道地面

过道家具陈设较少，面积紧凑。过道的地面图案多选用拼花，单元面积可大可小。一般铺设方式为对称式，以保证视觉上的完整统一。选择的材质要耐磨、便于清洁。图 4-70 所示为过道顶面与地面一体化的空间设计。

图 4-69　装饰型过道　　　　　　　　图 4-70　过道顶面与地面一体化设计

（三）楼梯

在居室中，楼梯并不是必备的建筑元素，但是它却是能够体现出装修独特性的地方，是如今室内设计师们的新课题。楼梯在空间立面中起到联系上下楼层的作用。楼梯设计不仅要考虑空间、材质、美观度，还要考虑适合人群。楼梯的设计创作必须服从总体风格的统一，但它也可以成为创作的源头，即采用它的造型来统一总体格调。

1. 楼梯的类型

（1）直跑式。从平面布局上看是直线的造型，需要有足够的高度和坡面跨度距离。相比其他款式的楼梯需要更大的空间，通常一边靠墙设置，如图 4-71 所示。

（2）折梯式。有一梯两跑式（见图 4-72）、两跑式（见图 4-73）和 L 形两跑式（见图 4-74）。一梯两跑式楼梯气势宏大，占用面积较大，主要应用于大户型。两跑式楼梯比较节约空间，在小型跃层空间中较为常见。L 形两跑式楼梯对空间的引导性较强。

图 4-71　直跑式楼梯

图 4-72　一梯两跑式楼梯

图 4-73　两跑式楼梯

图 4-74　L 形两跑式楼梯

（3）弧梯式。呈弧形的优雅流线造型，行走起来不会产生直梯拐角的生硬感。这种设计适合大型的复式房型，如图 4–75 所示。

（4）旋梯式。相比较其他类型的楼梯，旋梯式楼梯比较节约空间，可以根据旋转角度的不同而变化造型，盘旋而上的表现力强。缺点是宽度较窄，坡度较陡，不适合运输物件，如图 4–76 所示。

图 4–75　弧梯式楼梯　　　　　　　　　　　　图 4–76　旋梯式楼梯

2. 楼梯的设计

栏杆、扶手、踏板是楼梯最重要的组成部分，也是设计楼梯造型的关键所在。楼梯构件可以选用多种材料，例如钢材（见图 4–77）、木材（见图 4–78）、石材、瓷砖、玻璃（见图 4–79）等。目前，木质扶手、木质踏板与金属栏杆的组合是最受消费者欢迎的。楼梯的所有部件都应光滑、圆滑，没有突出、尖锐的部分，以免对使用者造成伤害。当一边临空时，楼梯的净宽不应小于 75 cm；两侧有墙时，不应小于 90 cm。踏步宽度不应小于 22 cm，高度不应大于 20 cm。扇形踏步转角距扶手边 25 cm 处，宽度不应小于 22 cm。此外，楼梯不仅要结实、安全、美观，使用时还不应发出过大的噪声。由于楼梯噪声与踏板的材质、各部件间的连接及整体设计有关，设计时一定要考虑。

3. 楼梯的照明设计

从楼梯所处的位置来讲，给人感觉大多较暗，光源设计尤为重要。仅仅依靠地灯照明光线会过暗，不利于行走安全，光线过亮易出现眩光。因此，主光源、次光源、装饰照明等要根据实际情况而定，既要考虑到实际应用，又要兼顾氛围烘托，可以借鉴图 4–80 所示的楼梯间扶手处的照明设计。

图 4-77　金属框架楼梯

图 4-78　木质楼梯

图 4-79　钢化玻璃楼梯

图 4-80　人性化的楼梯间照明

思考与练习：

1. 构建宜居的室内环境空间需要考虑哪些设计因素？
2. 完成老弱病残等特殊群体居住空间的设计调研。

第五章
居住空间设计项目的实施
JUZHU KONGJIAN SHEJI XIANGMU DE SHISHI

（1）了解居住空间设计项目流程。

（2）掌握居住空间设计项目施工各阶段实施要点。

居室设计是一项需要统筹规划的工作，设计师在其中扮演的角色除了方案设计，还要负责与多项工程人员进行沟通与协调，保证装修工作按照步骤顺利进行。居住空间设计项目整体分为以下六个阶段。

1. 项目调研

平面图布局确认与功能划分为主要工作，包括分析设计任务书或征询甲方意见、收集资料、现场调研。

2. 方案设计及表达

手绘草图、用计算机软件绘制效果图为主要工作，包括方案构思、方案比较、协商完成方案文件。

3. 制订预算

根据方案文件制订相应预算。

4. 绘制施工图

当设计方案和预算被客户认可后，施工图设计就成为主要工作，为施工提供指导依据。

5. 项目施工

工程人员根据施工图进行现场操作。

6. 竣工验收

施工完成后，设计师要与监理人员共同进行竣工验收工作。

整体流程如图 5-1 所示。

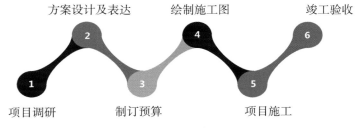

图 5-1 项目实施流程图

第一节
项目调研

设计师在接受任务委托书后，要明确设计期限，确定工程进度计划表。之后，首先要展开调研工作。调研的内容包括两项：对业主及其家庭成员情况的调研，以及对实地情况的调研、测量。

一、对业主及其家庭成员情况的调研

（1）家庭情况。家庭主要成员的情况、生活习惯。

（2）使用需求。对空间的使用要求和特殊个人需求（如灯具、开关、插座的安装位置）。

（3）风格要求。对居室设计风格的要求（包括空间色彩、造型、家具的款式和种类的偏好）。

（4）预算情况。对装修造价的预算评估。

二、对实地的调研测量

设计师有时会遇到原始资料不完整的项目，如没有房型图纸，这就需要现场画出房型图并进行测量。不过大多数情况下，业主能够提供原房型图纸，但有些细节数据有可能是原图纸上没有的，也需要进行实地测量记录。在开始量房的时候首先要观察整体户型，绘制出大致轮廓，然后再绘制出细节性的东西，做好标注。量房过程中设计师需要观察房子的位置、采光、朝向、周围环境等并记录下来，对于一些房间功能进行初步设定，并对房屋的拆改做出初步设想。如果业主需要进行布局改造，则在初次量房的时候，应把开关面板等在平面图上标示出来，以便后期设定改造方案。

在实地调研的同时要收集、分析有关的文献资料信息，如与项目有关的国家标准、行业规范和定额标准，还有物业公司的规定（例如在水电改造方面的具体要求，房屋外立面可否拆改，阳台窗能否封闭等），以避免后期造成不必要的麻烦。在量房前记得携带房屋建筑水电图以及建筑结构图。

（一）准备工具

准备红外线测量仪、卷尺、靠尺、标准量房手册、相机、试电笔。

（二）绘制图纸

在纸上画出大概的平面结构图。

（三）实施测量

量房的方法是从入户门开始，沿顺时针方向开始画图测量，最后回到入户门另一侧。人员配置最好是两人测量，一人画图记录。为了确保准确性和便于下一步作图，量房时需要拍摄现场照片作为参考。量房需要记录的内容如下。

1. 房间尺寸

利用卷尺量出房间的长度、宽度和高度（长度要紧贴地面墙脚测量，高度要紧贴墙体拐角处测量），如图5-2所示。如果建筑是多层的，为了避免漏测，测量的顺序为一层测量完后再测量另外一层。

2. 空间结构

对通向另一个房间的过道的具体尺寸进行测量和记录（了解两个房间的结构关系）。

3. 门窗洞尺寸

测量门洞本身的长、宽、高，再测量门洞与所属墙体的左、右间隔尺寸，测量门洞与顶面的间隔尺寸，如图5-3所示。测量窗本身的长、宽、高，再测量这个窗与所属墙体的左、右间隔尺寸，测量窗与顶面的间隔尺寸，测量

图5-2　房间长、宽、高的测量　　　　图5-3　门洞的测量

图5-4　房间原始情况记录

窗台的高度。

4. 特殊位置的标记

将灯具、开关、插座、管道的位置和尺寸进行记录。在厨卫空间中把马桶下水、地漏、面盆下水的位置在平面图中标记出来。马桶中心距墙的距离要记录下来，这关系到选择马桶的坑距问题。有特殊之处用不同颜色的笔标示清楚，如图5-4所示。

5. 横梁尺寸的测量

测量横梁长、宽尺寸以及位置。

6. 全面核对

在全部测量完后，再全面检查一遍，以确保测量的准确和精细。

第二节
方案设计及表达

　　经过与业主沟通确定大概风格与要求，以及完成现场的调研与测量工作后，设计师就要进行方案设计。方案设计的表现主要有手绘效果图与计算机软件制图，这两种方式都是设计师必备的专业技能，在表现方面各有利弊，设计师应将这些技法的长处充分发挥出来，而且要有意识地去避免技法的短处，最终的目的是准确地表达设计师的整体思路，更好地为专业设计服务。

一、手绘效果图

　　在设计师创作的探索和实践过程中，手绘可以生动、形象地记录下创作激情，并把激情注入作品之中。手绘效果图是设计师设计思想初衷的体现，能及时捕捉设计师内心瞬间的思维火花，并且能与创意同步。因此，手绘的优点在于能比较直接地传达设计理念，作品生动、亲切，包含一种纯粹的情感因素。在实际工作中，许多情况是业主在进行交流的同时希望能尽快看到效果，而软件效果图的制作需要几天的时间才能完成，如果使用手绘表现，设计师则可以在较短的时间内运用线条和上色方法，表现出设计概念。虽然手绘效果图没有软件绘制的效果图逼真，但更能表现出一定的艺术性和观赏性，所以一些比较规范的装饰设计公司都会定期派出设计师进行手绘技能的学习和实践，以提高设计师的专业能力，拓宽设计师的技能表现方式。

　　在手绘表现方式中，可采用不同的绘图材料及不同的表现方法，如钢笔表现、铅笔表现、圆珠笔表现、水彩表现、水粉表现、马克笔表现、彩铅表现等。针对草图与创意设计的快速表现，马克笔是较为常用的一种表现工具。马克笔有水性笔和油性笔之分，主要靠线条粗细和排线的叠加对比来丰富画面，是表现空间明暗关系最基本、最方便、最出效果的上色工具之一。空间透视、比例关系和色彩表现是手绘的三个要点，要想画出一幅优秀的手绘作品，需要把握要点之间的关系并进行长期艰苦的练习。

二、计算机软件制图

计算机软件制图的特点是能够最大限度地还原设计师的构思，向业主模拟展示最终实景效果。软件制图对于一名室内设计师来说是不可或缺的专业技能，需要熟练掌握。作为一名室内设计师，需要全面系统学习 Auto-CAD、3ds Max、VRay、Photoshop、SketchUp 等一些设计软件。一般情况下，软件制图的流程是在 AutoCAD 软件中按照房型的实际尺寸精确绘图，然后导入到 3ds Max 软件中建立三维模型，设置场景灯光，再经过 3ds Max 软件的插件 VRay 渲染器渲染出图，最后放入 Photoshop 软件中进行图像的后期修饰。现将这些软件做一个简单的介绍。

（一）AutoCAD

AutoCAD 主要用于二维绘图、标准详细绘制、设计文档和基本三维设计。在室内设计方面，AutoCAD 制图流程为：前期与客户沟通，绘制平面布置图；后期绘制施工图。施工图有平面布置图、顶面布置图、地面铺装图、水电图、立面图、剖面图、节点图、大样图等。

（二）3D Studio Max

3D Studio Max 常简称为 3ds Max 或 MAX，是基于 PC 系统的三维动画渲染和制作软件。它广泛应用于广告、影视、工业设计、建筑设计、三维动画、多媒体制作、游戏、辅助教学以及工程可视化等领域。在室内设计软件制图中主要用于前期建模和灯光设置。

（三）VRay

VRay 是由 Chaos Group 公司和 Asgvis 公司出品的一款高质量渲染软件。VRay for 3ds Max、Maya、SketchUp、Rhino 等诸多版本的软件均是基于 VRay 内核开发的，它们为不同领域的优秀 3D 建模软件提供了高质量的图片和动画渲染。

目前市场上有很多针对 3ds Max 的第三方渲染器插件，VRay 就是其中比较出色的一款。它主要用于渲染一些特殊的逼真效果，如次表面散射、光迹追踪、焦散、全局照明等。VRay 是一种结合了光线跟踪和光能传递的渲染器，其真实的光线计算可以创建专业的照明效果，可用于建筑设计、灯光设计、展示设计等多个领域。在室内设计软件制图中主要用于模型的多种材质设定和真实效果渲染。

（四）SketchUp

SketchUp 是一个极受欢迎并且易于使用的 3D 设计软件。在 SketchUp 中建立三维模型就像使用铅笔在图纸上作图一般，SketchUp 本身能自动识别线条，加以自动捕捉。它的建模流程简单明了，就是画线成面，而后挤压成型，这也是建筑建模最常用的方法。SketchUp 是一款非常适合于设计师使用的软件，因为它的操作简单，可以让设计师把更多的精力放在设计本身。

（五）Adobe Photoshop

Adobe Photoshop 简称"PS"，是一个由 Adobe Systems 开发和发行的图像处理软件。Photoshop 主要处理以像素所构成的数字图像。使用其众多的编修与绘图工具，可以更有效地进行图片编辑工作。Photoshop 的应用领域很广泛，在图像、图形、文字、视频、出版等各方面都有涉及。在室内设计软件制图中主要用于后期效果图的修饰工作，如对渲染出图进行裁剪、校色、增强色彩、添加配景等方面的加工，其目的在于强化视觉效果，使画面细节更完善，气氛更加活跃。

第三节

制订预算

经过初步设计方案、深化方案的阶段，方案最终定稿，设计师就要向业主出示装修预算书。预算是根据客户的装修要求，关于装修费用各项开支的一种计划。预算要求比较详细，把装修当中可能涉及的各种费用在事先都进行一个合理的规划。预算可以用 Excel 表格系统来做，也可以利用专业的预算软件来做。

一、预算的概念

在设计过程中，会涉及预算。首先要区分几个概念：报价、预算、决算、合同价格。

1. 报价

报价是设计公司根据客户装修情况，汇总计算后所报给客户的预算价格，先有公司做预算，然后才有向客户的报价。

2. 预算

预算是根据客户的装修要求而做的关于装修费用开支的一种计划。预算要求比较详细，把装修中可能涉及的费用在事先都进行一个合理的规划。

3. 决算

决算是相对于预算而言的。预算是一种费用计划，决算就是费用核算。在施工期间，可能会发生一些施工项目的变更，如增减项，这样实际用于装修的费用支出就会发生变化，因此，在装修工程结束后，公司与客户之间应针对工程实际造价进行核算，也就是决算。最后装修的费用，应该是决算的价格。

4. 合同价格

合同价格是指装修公司与客户之间达成装修施工协议时，在合同上标注的关于装修费用的总价格。合同价格实际上就是预算的总价格。但是，在实际签单时，很多时候装修公司会在预算的基础上给客户打折扣，合同价格就是双方商定后的关于装修总费用的一个约定。

二、预算书的内容

1. 封面

封面包含公司名称、标志、客户工程地址等信息。

2. 预算说明

预算说明包含预算编制的方式、预算的有效时间及双方关于预算签订、工程施工中出现问题的解决方式等内容，以备将来发生纠纷时有章可依。

3. 预算正文

预算正文就是关于客户装修的费用详细计划。装修预算可以有多种编排方式，较为多见的是按照工程项目类别统计法和按照空间统计法。工程项目类别一般包含拆除工程、措施费（材料搬运费、垃圾清理费等）、墙面工程、地面工程、电气工程、给排水工程、顶面工程等。空间统计法就是以每个功能空间作为一组，如客厅、餐厅、玄关、过道、主卧、次卧、儿童房、书房、卫生间、厨房、阳台、储藏室等，每一空间内按照所需要施工装修的项目进行单项累计，每一单项一般标上项目名称、单位、数量、单价（部分公司将单价分为材料单价、人工单价）、小计、工艺说明等。为了避免以后发生纠纷，一般在工艺说明当中，都将每一项目的使用材料、材料规格、施工工艺、施工方法等加以说明。

4. 预算补充说明

预算补充说明是指在预算正文中没有说明或不好说明的项目，再进行补充介绍，一般如水路改造、不包括项目等。

5. 选料单

选料单一般是指对材料的材质、规格、颜色、厚度、品牌等的说明，作为施工材料标准。

6. 主材预算

如果客户需要或者设计师所在装修公司设有配套的主材，那么设计师在预算当中，应当插入一页"主材预算推荐"，向客户介绍相适的价位、品牌的主材，并给客户做一个相应的预算，形成一套完整的预算书。不过很多情况下，装修是半包工程，不包含主材内容，所以此项内容也可以略去。

7. 装修流程说明

装修流程说明是主要内容是向客户详细介绍装修的施工流程，以帮助客户对装修形成时间概念，从而从容地打理装修，购买主材，配合家装施工。

8. 施工服务说明

向客户详细介绍装修公司及其能提供的各种附加服务项目。

9. 相关信息

比如当地的一些主材商家信息、装修注意事项等。

三、预算书的正文

以下根据中国部分地区的装修情况，列出常用家装预算项目，仅供参考。

1. 施工项目

（1）土建项目：砌墙，拆墙，阁楼楼梯洞口浇铸，墙面保温、防水工程。

（2）地面工程：地面找平，铺地砖，铺地板。

（3）水电工程：水路改造、地暖铺装、暖气改动、电路改造、吊顶布线、空气开关增改、洁具安装、灯具安装、开关插座面板安装。

（4）门窗工程：包门套、封门上窗、包窗套、墙护角、踢脚线、室内门、室内门安装、铝合金（塑钢）窗增加、防盗网安装、防盗门改装、窗台板（过门石）安装。

（5）吊顶隔断工程：单层石膏吊顶、多层石膏吊顶、石膏线叠级、木龙骨隔断、轻钢龙骨隔墙、钛（铝）合金隔断、滑动门、墙面造型。

（6）家具制作：鞋柜、衣柜、屏风、书柜、书桌、连体书桌（柜）、衣帽间、电视柜、酒柜、吧台。

（7）墙面工程：背景墙、铲除原墙面、墙面处理、墙面涂料、粘贴壁纸。

（8）其他工程：楼梯安装、屋顶工程、门楼工程。

2. 空间装修项目

（1）玄关：门套、门、吊顶、鞋柜（鞋衣柜、屏风）、墙面处理、墙面涂料。

（2）过道：吊顶、墙面处理、墙面涂料、哑口套。

（3）客厅：吊顶、背景墙、窗套、窗台面、护角、电视柜、阳台推拉门、窗帘盒、墙面处理、墙面涂料。

（4）餐厅：吊顶、餐桌背景、酒柜（吧台）、墙面处理、墙面涂料。

（5）厨房：铝扣板（铝塑板）吊顶、包下水管、墙砖地砖、水路改造、门套、滑动门。

（6）卫生间：铝扣板（铝塑板）吊顶、包下水管、墙砖地砖、水路改造、门套、滑动门。

（7）卧室：门套、门、窗套、衣柜、墙面处理、墙面涂料、床头背景、吊顶（石膏线、石膏叠级）、窗帘盒。

（8）书房：门套、门、窗套、书柜（书架）、电脑桌、墙面处理、墙面涂料、吊顶（石膏线、石膏叠级）、窗帘盒。

（9）阳台：墙砖地砖、水路改造、吊顶、墙面处理、墙面涂料。

（10）楼梯：楼梯支架、楼梯踏板、楼梯栏杆。

（11）衣帽间：吊顶、整体衣帽间。

（12）储藏室：墙面处理、墙面涂料、储物柜。

3. 服务项目

（1）材料搬运费，是指材料的运输费、上楼费等。

（2）垃圾清运费，是指现场的装修垃圾清理到物业指定位置的费用。

（3）竣工保洁费，是指装修竣工以后对现场进行开荒、保洁的费用。

4. 管理项目

（1）工程管理费，是指装修公司用于整个施工的综合管理费用。

（2）设计费，是指设计师对客户装修的整体设计费用。

5. 主材配套项目

主材配套是指装修公司在装修之外，同时向客户提供主材或家居用品的配套服务，这里既包含了主材的采购，也包含了安装和售后服务。一般来说，经常遇到的装修主材配套项目有以下几种：

（1）地板、地砖的采购及安装（铺贴）；

（2）整体厨房的配套项目；

（3）卫浴洁具的配套项目（洗手盆、坐便器、淋浴器具、水龙头、毛巾杆、纸巾盒等）；

（4）灯具开关插座的配套项目；

（5）五金件的配套项目（门锁、门吸、门折页、镜片、晾衣架、挂衣钩、拉篮、滑道等）。

四、项目用料及人工计算参考

（一）项目用料参考

1. 墙面和地面

主材：墙砖、壁纸、地砖、地板。

辅材：涂料、水泥、沙子、胶水、白水泥或填缝剂。

1）墙砖用量计算方法

对于复杂墙面和造型墙面，应按展开面积来计算。每种规格的总面积计算出后，再分别除以规格尺寸，即可得各种规格墙砖的数量（单位是块），最后加上 1.2% 左右的损耗量。瓷片的品种规格有很多，在核算时，应先从施工图中查出各种品种规格瓷片的饰面位置，再计算各个位置上的瓷片面积，然后将各处相同品种规格的瓷片面积相加，即可得各种瓷片的总需面积，最后加上 3% 左右的损耗量。

2）壁纸用量计算方法

常见壁纸规格为每卷长 10 m、宽 0.53 m，进口的可能有其他尺寸。计算方法为：壁纸用量 =（高 - 屏蔽长）×（宽 - 屏蔽宽）× 壁数 - 门面积 - 窗面积。因为墙纸规格固定，因此在计算它的用量时，要注意墙纸的实际使用长度，通常要以房间的实际高度减去踢脚板以及顶线的高度，也就是屏蔽长和屏蔽宽。另外，墙纸的拼贴中要考虑对花，图案越大，损耗越大，因此要比实际用量多买 10% 左右。例如，墙面以净尺寸面积计算，屏蔽为 24 cm，墙高 2.5 m、宽 5 m，门面积为 2.8 m²，窗面积为 3.6 m²，则壁纸用量如下：壁纸用量 =［(2.5 - 0.24) ×（5 - 0.24）× 4 - 2.8 - 3.6］m² ≈ 36.6 m²。

3）地砖用量计算方法

常见地砖规格有 600 mm × 600 mm、500 mm × 500 mm、400 mm × 400 mm、300 mm × 300 mm，计算方法为：（房间长度 ÷ 砖长）×（房间宽度 ÷ 砖宽）= 用砖数量。以长 5 m、宽 4 m 的房间，采用 400 mm × 400 mm 规格的地砖为例，计算公式为：5 ÷ 0.4=12.5（取 13），4 ÷ 0.4=10，13 × 10=130。需要说明的是，地砖在核算时，考虑到切截损耗、搬运损耗，可加上 3% ~ 5% 的损耗量。有时为了考虑铺贴的美观，我们需要考虑主要通道或明显地段采用整砖，那么就应适当增加一些采购量。

4）地板用量计算方法

实木地板常见规格有 900 mm × 90 mm × 18 mm，750 mm × 90 mm × 18 mm，600 mm × 90 mm × 18 mm，计算方法为：（房间长度 ÷ 地板长度）×（房间宽度 ÷ 地板宽度）= 使用地板数量。以长 5 m、宽 4 m 的房间，选用 900 mm × 90 mm × 18 mm 规格地板为例：5 ÷ 0.9 ≈ 5.56（取 6），4 ÷ 0.09 ≈ 44.44（取 45），则需购地板数量为 6 × 45=270。需要注意的是，这个计算要用进位法，不可四舍五入，其中纵向不到半块的算半块，超过半块的算一块。同时，购买时要考虑到实木地板铺装中 5% 的损耗率。复合地板的计算方法与实木地板大致相同，损耗率为 3% ~ 5%。

5）沙子使用量

根据地砖或墙砖的铺贴厚度，乘以面积就得出所需沙子的体积，然后按照体积去购买沙子即可。

6）水泥使用量

地砖铺贴采用干铺法时，一般是以面积乘以系数 0.33，如地砖铺贴面积为 80 m²，那么使用的水泥大约为 25 袋。墙砖铺贴多采用纯水泥湿铺法，因此使用的水泥较多，一般系数为 0.4 ~ 0.5。

2. 水路改造

水路改造所使用的材料除主材（坐便器、洗手盆、洗菜盆、淋浴器具等）外，主要使用的辅助材料是水管和接头、生料带、玻璃胶等。水管按照实际改造的线路（直线行走、直角转弯）计算，接头按照转弯的数量和分支接管的数量进行统计。

3. 电路改造

电路改造根据电器功率的不同和使用的数量，对于电线的要求是不一样的。一般来说，家庭装修主线路的改造和空调线路多采用截面积为 4 mm² 的国标电线，插座线路的改造和主要灯线的改造多采用截面积为 2.5 mm² 的电线，分别根据实际的使用数量购买即可（墙面开槽采用直线行走、直角转弯，棚面行走按照灯位长短进行计算）。电路改造当中墙面开槽使用 PVC 硬管布线固定或采用轻钢硬管布线固定，棚面布线采用蛇皮软管穿线，根据实际使用数量购买即可。开关面板、插座面板根据实际更换或新增的数量进行购买。

水电材料清单如表 5-1 所示。

4. 木制品

普通门套约使用细木工板 1/2 张、面板 3/5 张，现场制作普通造型门所需细木工板约 2/3 张、面板 2 张（剩余

表 5-1　水电材料清单

电料	电线、网线、电话线、视频音频线、网络水晶头
电料辅材	电线管、三通、暗盒、弯管弹簧、入盒接头锁扣、直接头、绝缘胶布、防水胶布、断路器、水平管
灯具	客厅灯、餐厅灯、主卧灯、主卧床头灯、厨房灯、厨房工作灯、主卫灯、南阳台灯、北阳台灯、日光灯、卫生间镜前灯、筒灯、冷光灯、冷光灯变压器
插座	两眼插座、空调插座（16 A）、三眼插座（10 A）、单联 500 Hz 视频插座、双联 500 Hz 视频插座、电脑 / 电话插座、音响插座、白板
开关	单开双控开关、双开双控开关、单开单控开关、双开单控开关、三开单控开关、多控开关
水材	PPR 水管、洗衣机水龙头、卫生间台盆水龙头、厨房台盆、马桶、单杆毛巾架、双杆毛巾架、浴巾架、纸架、化妆镜、马桶刷
水材辅材	三角阀、生料带、白厚漆、回丝、防臭地漏、洗衣机地漏、弯钩、移位器

部分用门套即可）；电视地台用细木工板 1.5 ～ 2 张、面板 1 张；鞋衣柜（1200 mm×2200 mm×380 mm）约用细木工板 1.5 张、五厘背板 1 张；衣柜（1600 mm×2550 mm×600 mm）约用细木工板 4 张（含上柜门）、面板 2 张、背板 2 张（剩余部分可做电视地台背板）。

5. 墙面处理

墙面处理所用的材料主要是嵌缝石膏和腻子粉、绷带、白乳胶、内墙涂料和壁纸。嵌缝石膏根据吊顶的面积和墙面破损的程度而定，一般使用的数量是 1 ～ 2 袋，成品腻子粉的使用数量是每 100 m² 房屋约 10 袋。

涂料包装常见的有 5 L（家装）和 18 L（工程装）两种规格，高级进口漆还有 1 gal（3.8 L）包装。以家庭中常用的 5 L 容量为例，5 L 的理论涂刷面积为 2 遍 35 m²，一般需要涂刷 1 遍底漆和 2 遍面漆。计算方法：面漆为（墙面面积 + 顶面面积 − 门窗面积）÷35= 使用桶数；底漆为（墙面面积 + 顶面面积 − 门窗面积）÷70= 使用桶数。以上只是理论涂刷量，实际根据各种不同油漆略有不同，购买时根据施工情况稍微增加几平方米。

6. 油漆饰面

木器漆的使用根据现场施工的木工制作数量而定，一般 100 m² 左右的房屋，室内门不超过 5 套，家具和电视地台、衣柜、书柜、鞋柜、墙面部分用木材制作造型，底漆用量大约在 3 组（9 L 装），面漆用量在 2 组（9 L 装）。

7. 吊顶

家装普通石膏吊顶所需材料为木方、石膏板、自攻钉、白乳胶等。客餐厅造型吊顶木方的使用量为 2 ～ 3 根 / m²，石膏板则按照实际吊顶的面积除以单块石膏板的面积（一般为 3.6 m²）得到需要购买的块数，可以在此基础上根据材料损耗的程度多买 1 张或 2 张。例如 10 m² 的施工面积，石膏板使用块数为 10÷3.6+1 ≈ 2.78+1=3.78 ≈ 4。自攻钉、白乳胶等辅材根据实际情况处理。

8. 台面

窗台面或橱窗台面一般采用大理石或人造石较多，其辅助安装材料为理石胶、玻璃胶。橱柜台面如果选用人造石一般按照延长料计算，宽度规格不超过 600 mm，窗台面及大理石一般按照平方米计算，大理石还需要加上加工费（如磨边费、开孔费、开水盆槽位费等）。

（二）项目人工参考

以下项目施工人工参考为 1 人 /d（d 代表天）。

1. 瓦工

砌单墙为 8 ～ 10 m²/d，含抹灰大约为 5 m²/d，铺地砖为 12 ～ 15 m²/d，铺墙砖为 10 ～ 12 m²/d，铺踢脚线为

30 ~ 40 m/d。

2. 木工

包门套大约为 1 个 /d，制作室内门大约为 1 扇 /d，安装室内门（含锁具、门吸）为 3 ~ 4 扇 /d，包窗套大约为 2 个 /d，包大哑口套大约为 1 个 /d，包造型哑口套大约为 2 个 /d，客厅简单造型吊顶为 5 ~ 7 m²/d，复杂造型吊顶为 3 ~ 5 m²/d，石膏叠级大约为 40 m/d，简单背景墙制作大约为 1 个 /d，简单电视柜制作大约为 1 个 /d，单纯鞋柜大约为 1 个 /d，鞋衣柜（屏风）大约为 1/2 个 /d，普通无门衣柜大约为 2/3 个 /d，带上门衣柜大约为 1/2 个 /d，无门书柜（1200 mm × 2200 mm）大约为 1 个 /d，包暖气大约为 4 m/d，PVC 吊顶为 10 ~ 15 m²/d，铝扣板吊顶为 8 ~ 12 m²/d，铝塑板吊顶为 4 m²/d，包管为 4 ~ 6 m/d，铺复合地板大约为 40 m²/d，铺实木地板为 8 ~ 10 m²/d。

3. 油工

墙面处理为 100 ~ 120 m²/d，墙面涂料滚刷为 80 ~ 100 m²/d，铲除墙面大约为 150 m²/d，刷木器漆根据装修项目的复杂程度而定。

4. 水暖工

一般性的家庭水路改造一天即可完成，卫生间水路全面改造约一天，地暖铺设 3 人合作约 3 天完成（含找平），洁具安装一天即可完成。

5. 电工

一般性的家庭电路改造为 2 ~ 3 天，开关插座和灯具安装大约为 2 天，灯具较为复杂的，后期安装大约需要 3 天。

五、付款方式

目前家装行业付款方式有两种：一种是先付款后施工；另一种是先施工后付款。

一、先付款后施工

先付款后施工的工程款一般分为以下 4 期。

（一）订金

客户缴纳一定的设计订金，一般为 500 ~ 3000 元不等。订金一般情况下是不退的，如果客户签订施工合同，就作为首付款的一部分；如果客户交纳设计订金后不签施工合同，这个订金一般情况下就作为设计费用，公司和设计师各分一部分。

（二）首付款

一般在合同签订当日或 3 天时间内交付，首付款比例会有所不同，大部分是 60% ~ 65%。客户缴纳首付款后，装修公司才开始进行施工准备。

（三）中期款

中期款指在工程施工进度过半或木工制作部分完成后支付的工程款项，一般比例为 30% ~ 35%，装修公司应当在工程过半或木工制作完成后，由工程监理邀请业主对前面施工的部分进行验收，验收合格，由公司财务或工程监理向客户下达中期款交付通知书，客户应当在指定时间内交付中期款，如果客户不及时交付中期款，装修公司一般会以停工等形式与客户进行交涉。中期款交付时间以工程进度过半或木工制作完成为准，由双方在施工协议中标注。

（四）工程尾款

工程尾款指工程施工结束后，双方进行验收，若验收合格，客户支付的剩下的款项，一般比例在 5% 左右。如果客户不支付尾款，装修公司一般不开具保修单，也就是说客户放弃保修的权利，装修公司对工程质量不做保证。

二、先施工后付款

先施工后付款是指装修公司前期垫资施工，然后干一部分收取一部分工程款。这种付款方式，目前没有统一的支付比例，有的是水电施工结束后支付 30% ~ 35%，油工结束后支付 20% ~ 30%，最后是整体验收合格后支付余款。先施工后付款对于客户而言，是一种比较安全的操作方式，但装修公司在前期需要垫一部分资金，如果同时施工的客户量很大，装修公司的风险也随之加大。

第四节
绘制施工图

设计文件的最终成果是施工图。室内设计施工图是设计师设计意图的体现，也是施工、监理、经济核算的重要依据。室内设计施工图是在建筑施工图的基础上绘制出来的，它是按照正投影的方法作图，是用来表达装饰设计意图的图纸，还是用来与业主进行交流沟通与指导施工的图纸。施工图是室内设计施工的技术语言，是室内设计唯一的依据，绘制的内容是以材料构造体系和空间尺度体系作为基础的。如果说草图阶段是以"构思"为主要内容，方案阶段以"表现"为主要内容，那么施工图阶段则以"标准"为主要内容。

具体来说，施工图纸是设计师对室内空间界面、形状、尺寸、各功能分布区的展示，侧重反映装饰构件的材料及其规格、构造做法、饰面色彩、尺寸标注、标高、施工工艺，以及装饰件与建筑物件的位置关系和连接方法等。它是工程技术与艺术的有机结合，既要求正确性又要有艺术美感。绘制的基本原则是正确、实用、清晰、美观，要做到完整统一、准确易懂。主要包括设计说明、平面图、立面图、剖面图、大样图和构造节点详图等内容。施工图绘制的图纸规范要求在图纸幅面规格、标题栏与会签栏、图线的粗细及含义、字体、比例、符号（如剖切符号、详图符号、文字说明的引出线符号及标高符号等）、尺寸标注等多个方面给予注意。室内设计施工图文件应根据最终方案进行编制，其编排顺序依次为：封面、图纸目录、设计及施工说明、图纸（平面图、立面图、剖面图及节点详图）、工程预算书、材料样板及做法表等。

一、平面图

平面图是空间垂直方向的投影图，是最基本的设计图。平面图包含原始平面图、墙体拆改图、家具布局图、天花布置图、地面铺装图、开关布局图、水电布局图等，主要反映的是空间布局关系。平面图表达的内容与绘制要求如下：

（1）标明建筑平面的形状和尺寸。

（2）标明装修构造形式在建筑内的平面位置以及与建筑结构的相互尺寸关系。

（3）标明装修构造的具体尺寸和形状。

（4）标明地面饰面材料及重要的工艺做法。

（5）标明各剖面图的剖切位置、详图等的位置及编号。

（6）标明各种房间的位置及功能，标明门、窗的位置及开启方向。

（7）注明平面图中地面高度变化形成的不同标高。

二、立面图

立面图是空间中水平方向的投影图。在绘制各个立面时，要注意它们之间的相互关系，不应孤立地关注单个立面的装饰效果，应注重空间视觉整体。其表达的内容与绘制要求为：

（1）标明装饰天花吊顶的高度尺寸及相互关系。

（2）标明墙面造型的式样，用文字说明材料用法及工艺要求。

（3）标明墙面所用设备（如空调风口）的定位尺寸、规格尺寸。

（4）门、窗、装饰隔断等的定位尺寸和简单装饰样式。

（5）设备的安装位置，开关、插座等的数量和安装定位，注意符合规范要求。

三、剖面图与节点详图

剖面图是用一个假想的平面在建筑平面的横向或纵向沿建筑物的主要部位垂直剖开，展示内部结构的正投影图。节点详图是针对平面图、立面图和剖面图中某一区域局部放大比例标注的图纸，能较为详细地表示该部位的材料与施工工艺。对于某些较为复杂的节点，如开孔、连接点等，在整体图中不便表达清楚时，可另画节点大样图。画节点大样图的目的是更为详尽地反映尺寸、材质和造型、制作工艺等。剖面图及节点详图表达的内容与绘制要求如下：

（1）剖视部位宜选择在层高不同、空间较复杂或具有代表性的部位。

（2）主体剖切符号应绘在底层平面图内。

（3）标高单位为米。

（4）平面图、立面图、剖面图中尚未能表示清楚的一些特殊局部构造、材料做法应专门绘制节点详图，用标准图、通用图时要注意所选图集是否符合规范。

四、施工图绘制要点

由于设计方案的实施必须根据施工图绘制的图样来完成，所以室内设计施工图必须按照设计者的设计构思及结合具体的施工工艺准确无误地绘制。施工图作为施工的指导和依据的重要文件，要求设计师在设计过程中把握如下要点：

（1）设计者要熟知各种装饰材料的物理特性、规格尺寸及视觉美感的最佳表现。

（2）通过多渠道了解材料的构造及连接方式。

（3）使环境系统设备（如空调风口、暖气造型、管道走向等）与空间整体有机整合。

由于施工图设计文件在室内设计过程中的主导作用，为了使设计意图、设计效果在施工中得到准确的体现，设计单位应在工程项目施工之前向施工单位做出详细技术说明。其目的就是设计单位对施工单位的技术人员进行详细说明、交代和协商，并由施工方对图纸进行咨询或提出相关问题，落实解决办法。图纸交底中确定的有关技术问题和处理办法，应做详细记录、认真整理和汇总，经各单位技术负责人会签、建设单位盖章后，形成正式设计文件。

对施工图设计的学习是一个难点和重点，初学者必须熟练掌握制图的相关规范，熟悉使用各种图例符号，保证出图纸时符号、文字统一。另外，在学习过程中，初学者应多去施工现场，对施工过程多加观察，注意具体的工艺、技术，还要了解各种建材的规格、特性、价格。从最基础的方面开始学起，这样才能绘制出正确、规整的施工图。

第五节
项目施工

一、工程交付

在装修整个过程中，现场交底是施工开始的第一步，同时也是所有步骤中最为关键的一步。现场交底时人员要齐全，由客户、设计师、工程监理、施工负责人四方参与。在交底时，以上人员应全部到达施工现场，由设计师向施工负责人、工程管理人员详细讲解施工工艺，以及需注意的地方，并由工程监理协调办好各种手续。现场交底注意事项如下：

（1）确认施工现场需要保留的设备。合同双方应该把工人进场前已有设备的数量、品质、保护的要求等用文字说明。

（2）确认现场存在的问题。比如卫生间试水有渗漏和下水有堵塞现象，电视天线信号存在问题，墙体空鼓，门锁损坏，窗户、阳台、栏杆等围挡结构有渗漏，等等，需要甲乙双方签字确认。

（3）确认墙、地面平整度、角尺度、平行度（这三方面的指标主要是控制未来装修后的墙面美观以及家具摆放与墙体的吻合度）。

（4）确认屋顶与地面的水平差（该指标直接影响地砖、木地板等的铺设，必须提前确认是否有问题）。

（5）确认现场制作或有特殊做法的事项。这方面的工作对于居室装修的每一个工种都是完全必要的。用文字难以表达清楚的事项，需要设计师用说明性的草图或正规图纸来做出更深入的说明。装修技术交底一般有下列内容：洗手盆柜、橱柜施工技术交底，洁具安装施工技术交底，窗帘盒、窗帘杆及窗帘轨道安装施工技术交底，大理石地面技术交底，铺地砖技术交底，灯具开关插座面板安装施工技术交底，木门安装施工技术交底，木材面油漆技术交底，墙面挂贴石材技术交底，墙面贴瓷砖技术交底，墙面贴墙纸施工技术交底，轻钢龙骨石膏板顶棚施工技术交底，乳胶漆饰面施工技术交底，玻璃隔墙安装施工技术交底等。在这些交底中会涉及工艺做法交底、质量标准交底、安全措施交底、文明施工交底、工期要求交底。特种作业最好单独交底，侧重操作规程、安全作业。

（6）确认全部装修材料。包括室内所用建材的品牌、规格、数量等。合同的甲乙双方应该清楚的是，现场交底时达成的书面共识属于协议式文件，与装修合同具有同等的法律效力，是在施工及以后的合同执行过程中合同双方必须遵守的。当装修施工最终完毕后，设计师要参与项目的分项验收和综合验收，包括提交竣工图、收取后期服务费、竣工后成果摄影、工作总结等。

二、墙体拆改

墙体拆改的目的是让空间更加合理、实用，主要包括拆墙、砌墙、铲墙皮、拆暖气、换塑钢窗等。需要提醒业主的是，拆墙前应报物业审批。业主在墙体改造之前，必须把设计师给的施工图纸递交到物业公司，得到物业的批准后才能施工。因为一般情况下，楼房竣工时，原设计单位会给物业公司留一份图纸，图纸上承重墙、非承重墙等各种墙体的厚度和材质等都已标明清楚。根据图纸，物业公司便能确定哪些是可以拆除的墙体，出于安全的考虑对装修时拆改墙体的工作进行监管。拆改完的垃圾，要按照物业公司的要求及时清理，既保证室内的清洁，也是为了方便施工。另外，如若原始房型设计合理，设计方案中没有涉及这一项，则此工程就可以省去。墙体拆改的工作需要注意以下问题：

（1）承重墙不得拆改。承重墙是建筑骨架，拆除后，建筑就有坍塌的危险。拆除承重墙会改变原有建筑的承重结构，使楼房各部位受力不匀或重心偏移到其他部位，严重时可造成房屋裂缝、塌陷，甚至危及房屋安全，所以在装饰房屋时，承重墙是不能拆除的。

（2）横梁不得拆改。居室内的横梁也是不能够拆改的，横梁的功用是支撑上层的建筑，如拆改了，则会使上层的建筑失去支撑力，从而发生坍塌的现象。

（3）连接阳台的墙体不得拆改。把连接阳台的部分墙体拆除，增加阳台门口的宽度，这是不允许的。因为房子的外墙通常都是承重墙，即使在上面凿洞开窗也非常危险。

（4）配重墙不得拆改。有的房间与阳台之间的墙上，原本开设有一窗一门，这些门窗都可以拆除，但是窗户下面的墙体就不能拆除。窗户下面的这段墙称为"配重墙"，它起着挑起阳台的作用。如果拆除这堵墙，会使阳台的承重力下降，导致阳台下坠。

（5）注意考虑改造电路管线。在拆之前，也要对电路的改造方向进行详细考虑。一般墙体中都带有电路管线，要注意不要强加施工、切断电路。

（6）添加新墙根据情况选择材料。高层楼房一般都采用框架结构，即外墙承重，内墙一般是轻体结构墙，内墙只起隔断作用，承重作用甚小。添加新墙时一般采用与原来相同的水泥板墙或石膏板等轻体墙，也可根据自身要求选择隔音性更好或性价比高的材料。

（7）拆墙后的修补工作。墙体安全拆除后，后期的修补工作也不能忽略。比如拆除原有墙面，要用红砖新砌墙面时，就要在新修建的墙体上设置拉筋。"拉筋"是对新旧墙接缝的地方的施工方法，就是用钢筋把新、旧墙面拉住，保证墙体的稳定性、抗震性。

三、水路工程

水路改造是指根据家庭情况及室内整体设计方案，对原有水路全部或部分进行更换的装修工序。水路改造是隐蔽工程中的重要环节。

（一）水路水管铺设环境的设定

铺设环境是水路改造的重要环节，需要根据实地状况进行选择。

（1）铺设墙体的选择。承重墙和带有保温作用的墙体不能开凿，否则容易在表面造成开裂。地面开槽，更要小心不能破坏楼板，以免给楼下的住户造成麻烦。

（2）施工前保护下水口。在对水管的施工改造中，一定要防止下水道堵塞。要在施工前对下水口、地漏做好封闭保护，防止水泥、砂石等杂物进入。水泥、砂浆一旦堵塞通道，后期清除将十分麻烦。

（3）保证主水路不动。为了尽量防止日后管道跑水，主水路要保持不动。

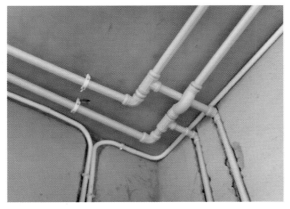

图 5-5　房顶水路布置

（二）水路管材走向与铺设

管材的走向以及铺设需要重视，这一部分施工关乎日后水路的耐用程度，要多加注意。走向合理、铺设牢固是施工关键。

（1）顶面安放水管。要尽量避免破坏原有的地下管道，刨地埋管的做法很不安全。水管走地，容易被后期装修过程中的电钻破坏，十分影响安全。当水管走墙顶引入卫生间时，需要出水的地方，应开竖槽向下，如图 5-5 所示。

（2）墙体内部埋入水管。墙体封槽后，管道会被隐藏。即使在施工完毕后，客户留有水改路线图，也难以保证在后期装修的过程中不会碰坏水管。埋入墙体的整根水管应该没有接头，因为有接头的水管易产生渗漏现象。

（3）洁具出水口的预留和保护。当水管走到合适的高度，应预留好花洒、面盆、洗衣机等出水口。这样做的好处是，当贴砖完成后，可以根据出水口的位置，判断水管的走向。所有的水管均应设置在出水口垂直向上的位置，保证日后不会因任何问题被破坏。

（4）原来下水位置不能改变。原来下水位置最好不改变，因为改变下水位置会影响下层的排水，严重的话则会引起堵塞的问题。

（5）墙体中的钢筋不能移动。在埋设管线时，不得切断钢筋，否则会影响到墙体和楼板的承受力，留下安全隐患。另外，水路改造还应该注意的问题是：冷热水管分色，选择可接热水的水管，装修前做闭水测试，保留原有进水口位置，管线相接必须垂直，不能随意连接水管。

四、电路工程

电路改造是装修隐蔽工程的重要部分，如果施工存在问题，对以后的家居生活会产生很大的不便甚至危害安全。电路改造之前，设计师要按照业主的要求与专业技术人员沟通，将电路改造的图纸做严格的规划，以便后期业主留底备用。

（1）弹线。施工前要与业主确定定位点，现场确定开关、插座的位置，并用墨斗弹出需要开槽的线，如图 5-6 所示。

（2）开槽。用切割机沿着弹好的墨线在墙地面上切出需要暗装线管以及暗装底盒的槽，如图 5-7 所示。

（3）清理槽内渣土。

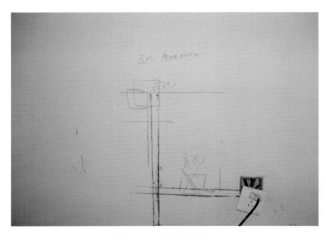

图 5-6　墙面弹线

图 5-7　墙面开槽施工

（4）安装穿线管。根据开好的凹槽的走向用弯簧把线管握弯，两头穿进底盒上面的锁母中，安装底盒。装底盒之前要在底盒合适的位置装好锁母，如图 5-8 所示。

（5）穿线。管内所穿电线的总横截面积不能超过线管横截面积的 60%，一般情况下在相匹配的管内的线数最好不要太多，这样才能充分保证电线是可以拉动的活线而不是固定线，如图 5-9 所示。

图 5-8　穿线管施工　　　　　　　　　　　　　　图 5-9　穿线施工

（6）连接各种强弱电线。强电是指电压高、电流大，用来传输动力能源，能够造成重大危险的电路。而弱电的电流小、电压低，不足以对人造成致命伤害。简单来分，装修时的照明线、插座线就是强电，强电应至少分照明、插座、空调三路埋线；平时用的电话线、电视线、网线就是弱电。穿线完成后，就要连接相应的电线。

（7）封闭电槽。

（8）标注尺寸，拍照留底。

五、泥工工程

泥工主要负责砌墙、贴砖、墙地面水泥砂浆找平等项目的施工工作。除此之外，泥工还涉及过门石、大理石窗台的安装与地漏和地插安装。泥作工程主要包含防水工程、地面找平工程、铺贴瓷砖工程。

（一）防水工程

一般情况下，楼房中的卫生间、浴室和厨房的地面都需要做防水层，防水层在重新装修时易被破坏，如不及时修补，日后会发生渗漏。流程如下：

（1）对基层进行处理。去除原有装饰材料，把浮土、水泥清理干净，要求表面平整、干燥。

（2）铺贴防水涂料。在做地面防水时，要把防水涂料及玻璃丝布铺刷到距地面 20 ~ 30 cm 的墙壁处，防止墙壁和地面连接处发生渗漏，从而形成一个封闭牢固的整体防水层。对于淋浴间的墙壁、软体轻质墙和室内怕渗漏的墙面，需要把防水涂料涂刷到墙壁 1800 mm 处或满墙涂刷，防止墙体渗漏。

（3）做"闭水"实验。"闭水"实验是检验室内防水质量的重要手段。在防水工程做完后，封好门口及下水口，在室内蓄水，达到一定液面高度，24 小时内液面若无明显下降，即为合格。"闭水"实验完成后，在防水涂料层上再做一层水泥砂浆保护层，但是不要破坏已做好的防水涂料层。等水泥砂浆保护层干透后，就可以在上面铺贴墙地砖或喷刷涂料，进行正常的装修工作。

（二）地面找平工程

地面找平即通过对原始平面的找平，让装修后的地面平整度达到一定的标准。目前地面找平一般有三种方式：

机器研磨加石膏找平、水泥砂浆找平、自流平找平。

（三）铺贴瓷砖工程

基层处理时，应将墙面上的各类污物全部清理，并提前一天浇水湿润。如基层为新墙，待水泥砂浆七成干时应该进行排砖、弹线、粘贴墙面砖。铺贴时遇到管线、灯具开关、卫生间设备的支承件等，必须用整砖吻合，禁止用非整砖拼凑粘贴。铺贴必须牢固，无歪斜、翘曲，无空鼓；整体表面平整，平整度误差符合允许偏差要求；接缝应填嵌密实、平直、宽窄均匀、无明显错位。

六、木工工程

木工主要负责吊顶、门窗套、造型结构以及家具等的制作。具体施工项目包含：顶棚工程（石膏吊顶），木质隔墙工程（轻钢龙骨隔墙工程），定制家具工程，门套、窗套工程，客厅背景墙工程，玄关工程等。随着建材产品工艺的日趋完善，很多木工项目已经由厂家直接定做生产，在大幅降低装修成本的同时，也大幅提高了定制产品的质量和感观效果。目前市场上比较常规的木工定制产品有成品套装门、定制衣柜、定制书柜、定制橱柜、定制移门等。

七、油工工程

油工主要是给墙面、家具等刷漆。就目前来说，壁纸、家具、木地板等大多来自市场成品订购。

第六节
竣工验收

关于装修工程的验收工作，本节主要从墙面工程、地面工程、给排水工程、用电工程、木工工程、门窗安装几个方面来进行介绍。

一、墙面装修验收

1. 墙面外观检查
墙面外观检查，一般须检查墙面的颜色是否均匀，墙面是否平整、是否有裂缝。

2. 墙面垂直平整度检查
墙角偏差与墙面垂直平整度的检查非常必要，这两项指标除了能体现房子墙面的外观美感，还能反映墙面的结构是否有问题。

二、地面装修验收

1. 地面外观检查
在铺贴地板和地砖后，容易因施工不慎而刮花或损坏表面。因此，在验收地面装修时，首先需要对地面外观进行检查，看是否有色差、裂缝、缺口等问题出现。

2. 地面平整度检查

地面平整度检查非常必要，如果地面的平整度有明显的误差，极有可能是房屋本身的结构出现问题，或者在装修过程中，地面处理出现严重错误。

3. 地砖坡度检查

地砖表面的坡度应该符合设计的要求，达到不泛水、不积水的要求。地砖坡度不符合要求，会影响正常去水，导致地面积水。

4. 检查地面空鼓情况

地板与地砖出现空鼓情况时，如果不加以处理，易导致日后出现松动脱落的情况。因此，检查出空鼓位置后，必须立即做修补。

三、给排水装修验收

1. 给水工程检查

给水工程检查要注意检查其质量以及通水情况。验收时须注意检查水龙头、阀门、水表等的质量和安装位置，并检查是否正常通水。

2. 排水工程检查

排水工程验收应该包括质量检查和排水检查。对地漏、排水口和排水管道的质量必须严格把关，并检查排水是否正常。

四、用电工程装修验收

电工验收主要包括以下几个方面。

1. 电箱检查

电箱是整个电工验收的重要部分之一，电箱的检查主要包括安装标准检查、外观检查及电箱结构检查。

2. 开关检查

每个开关都有对应的功能安排，一个开关坏了，将会影响某个电器或者整个区域的运作，所以开关的检查必须谨慎，应从以下两个方面着手。

（1）检查开关外观是否有损坏。
（2）检查开关对应的电器运作情况。

3. 插座检查

插座的检查主要从插座的表面检查和插座用电是否正常这两个方面进行。

五、木工工程装修验收

木工项目一般包括门、柜等木器的制作与安装，木工细节关系装修工程的成败，所以在木工工程完成之后一定要做一个全面的验收。

六、门窗安装验收

门窗是连接各房间以及与外界的通道，所以门窗的安装质量尤为重要。门窗的验收工作主要是外观检查、边框检查、门窗锁检查和开启检查。

第七节
居住空间设计项目案例分析

一、项目概况

项目户型：联排别墅。
项目地点：天津。
楼层状况：地下一层，地上三层。
装修状况：毛坯。
户型面积：540 m²。

二、项目调研

（一）业主情况分析

本案业主为三口之家，业主为企业高管，女主人为高校教师，都有一定的文化修养，在社会上有一定的地位。他们对生活品质有很高的要求，对孩子的教育及个人素质相当重视。两人有一个上中学的儿子。夫妻双方对前期住宅的户型布局基本认可，但也提出了自己的见解。业主本人追求空间的实用性和灵活性，强调别墅的低调、奢华、个性、多功能以及高科技、高效率的特点，注重展现材料自身的质地与色彩的搭配。综合考虑决定别墅设计以美式风格为主，因为这样的装饰风格正好与业主的性格特质十分吻合。美式风格追求质感与效率并重，风格的低调奢华感是业主夫妻两人共同的追求。针对业主家庭成员的需求情况，考虑如下问题：

（1）业主夫妻双方都有一定的文化修养，对空间的质感要求较高。
（2）家庭气氛的营造需要着重考虑。
（3）业主的儿子处于青少年时期，应将他的个人喜好及审美列入考虑范围。
（4）业主一家喜欢健身，所以关注健身房的设计。
（5）考虑业主对娱乐的需要，影音室也可以用于安排家庭聚会等。

（二）现场勘验

进入现场测量户型，绘制草图，根据现场情况进行详细的尺寸标注，同时配以现场实景照片，便于后期设计。通过实地勘验以及对原始图纸进行分析得知，该别墅空间为框架结构，户型布局基本合理，但是根据业主使用的需求需要进行平面布局和局部功能的调整。

三、设计构思

设计构思是设计师基于业主的需求，梳理出一个主题和风格。设计师要围绕这个主题确定空间色彩及材料，后期的陈设配饰也要兼顾。此项目的整体设计构思从业主家人的自身特点入手，结合不同家庭成员对空间的需求，将空间的整体风格定义为美式风格。

四、功能划分

起居室：会客、起居、视听、通行。

主卧：睡眠、休息、卫浴、衣帽间、储藏。

主卫：洗漱、化妆、储藏。

儿童房：睡眠、休息、学习、储藏。

客房：睡眠、休息、储藏。

影音室：观影、休闲娱乐、卡拉OK。

餐厅及厨房：烹调、就餐、储藏。

客卫：洗漱。

五、色彩设计

在居住空间设计中，色彩给人的印象是最直接有效的，合理的配色能带来温馨舒适的效果。本案的色系大面积选择了白色与湖蓝，局部采用深蓝、橘黄与黑色，如图5-10所示。

图5-10　色系选取

六、材料与技术

材料是最能主导整体风格特征的，为了能够准确地表达整体的设计风格，应深入研究装饰材料的分类和特色。在此项目中主要采用了石材、木材、镜面和玻璃、金属、软包等。选择国内外知名品牌主材，保障材料耐用、质量可靠和环保。施工技术方面聘用专业的施工队伍，施工阶段设计师入场和施工队沟通，确保施工完善。

七、制图与设计表现

有了整体的设计构思与风格定位之后，经过反复沟通，得到业主一家人的认可，接下来就进入制图阶段，包括平面图、立面图、大样图及空间效果图的制作，目的是将更加准确逼真的设计构思展现给业主。

（一）施工图（以一层为例）

（1）平面图，如图5-11～图5-20所示。

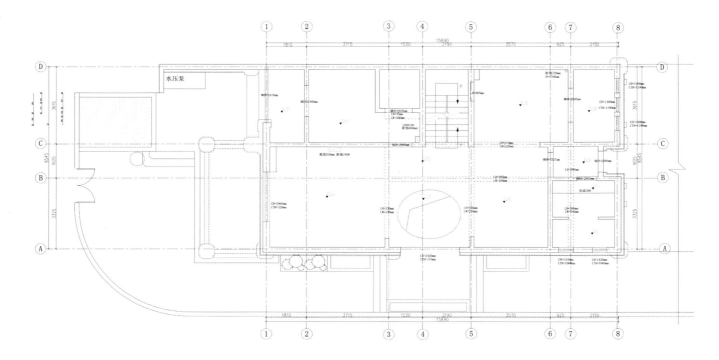

图 5-11　一层原始结构图

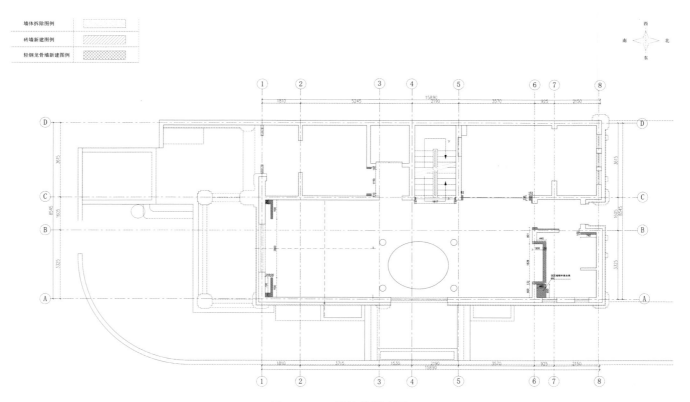

图 5-12　一层墙体拆改图

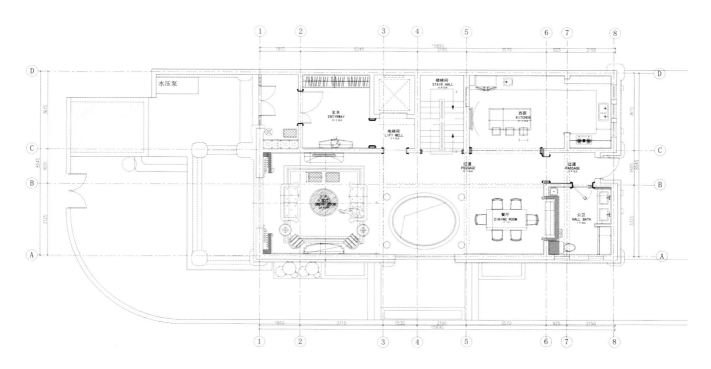

图 5-13　一层平面布局图

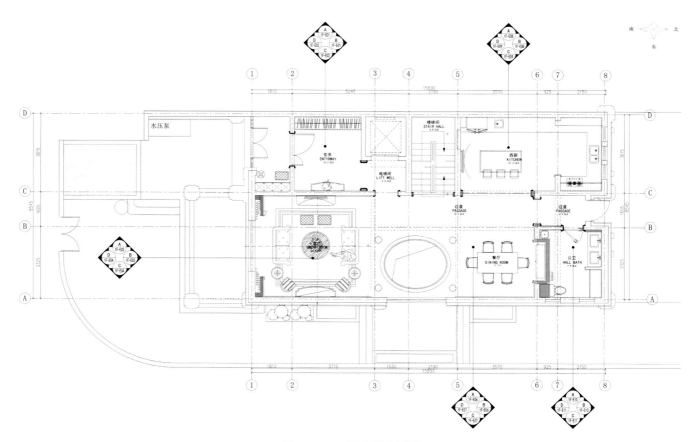

图 5-14　一层立面索引图

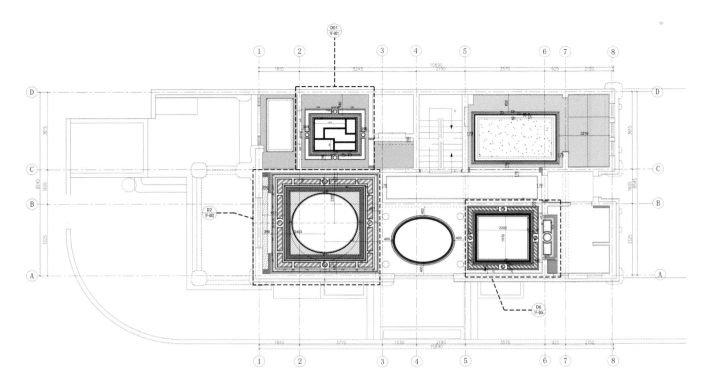

图 5-15　一层天花布置尺寸图

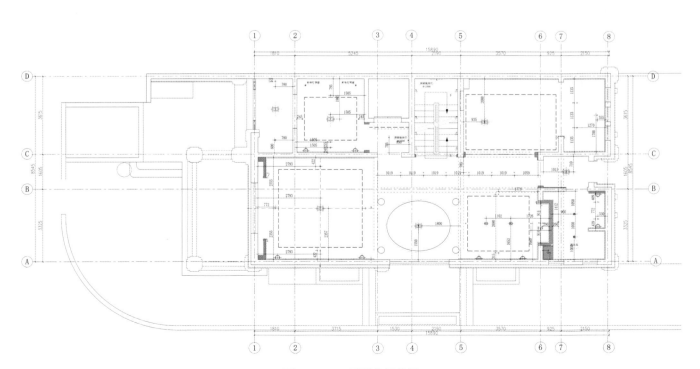

图 5-16　一层天花灯位图

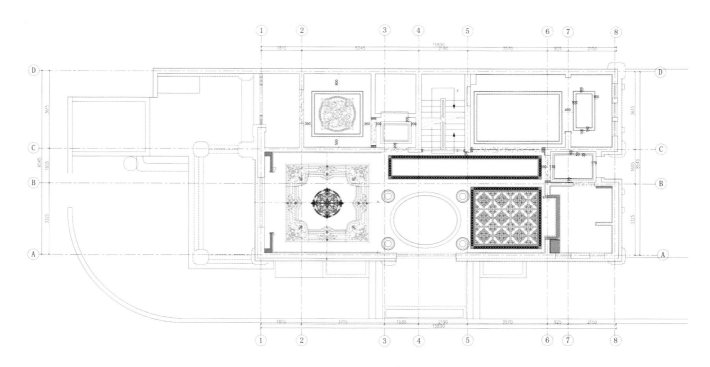

图 5-17　一层地面铺装图

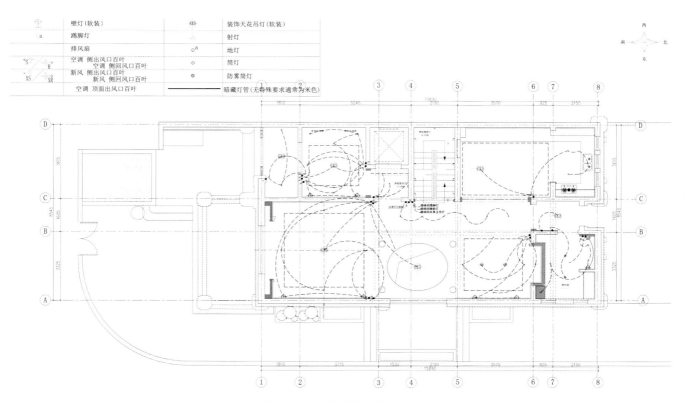

壁灯(软装)		装饰天花吊灯(软装)	
踢脚灯		射灯	
排风扇		地灯	
空调 侧出风口百叶 空调 侧回风口百叶		筒灯	
新风 侧出风口百叶 新风 侧回风口百叶		防雾筒灯	
空调 顶面出风口百叶		暗藏灯管(无特殊要求通常为米色)	

图 5-18　一层开关灯位连线图

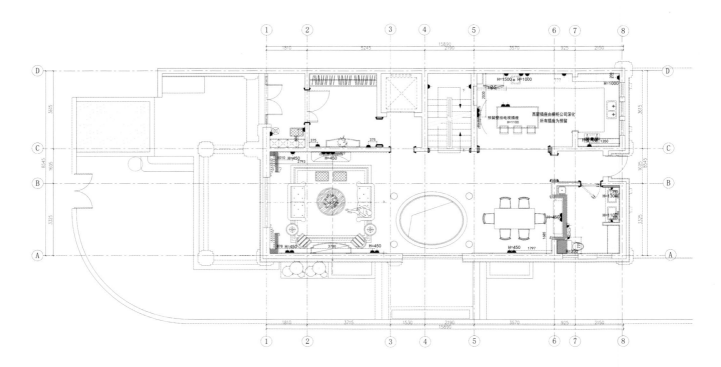

图 5-19　一层强弱电点位布置图

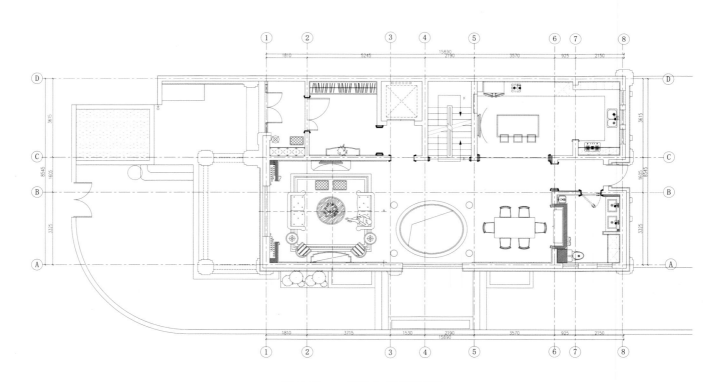

图 5-20　一层排水点位布置图

（2）立面图，如图 5-21 ~ 图 5-25 所示。

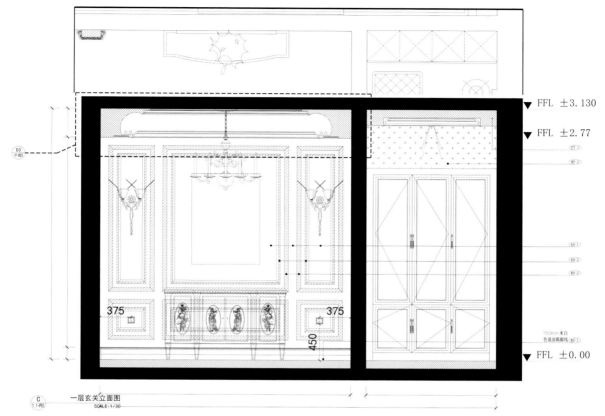

图 5-21　一层玄关立面图

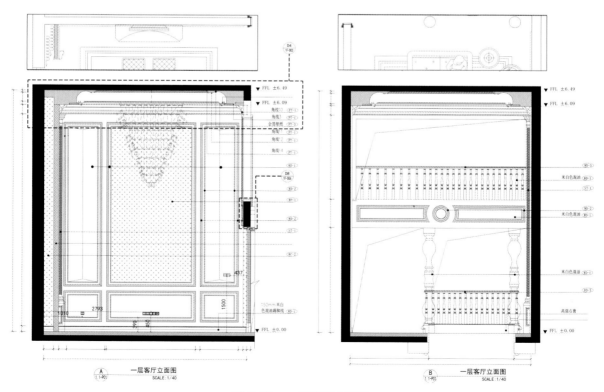

图 5-22　一层客厅立面图

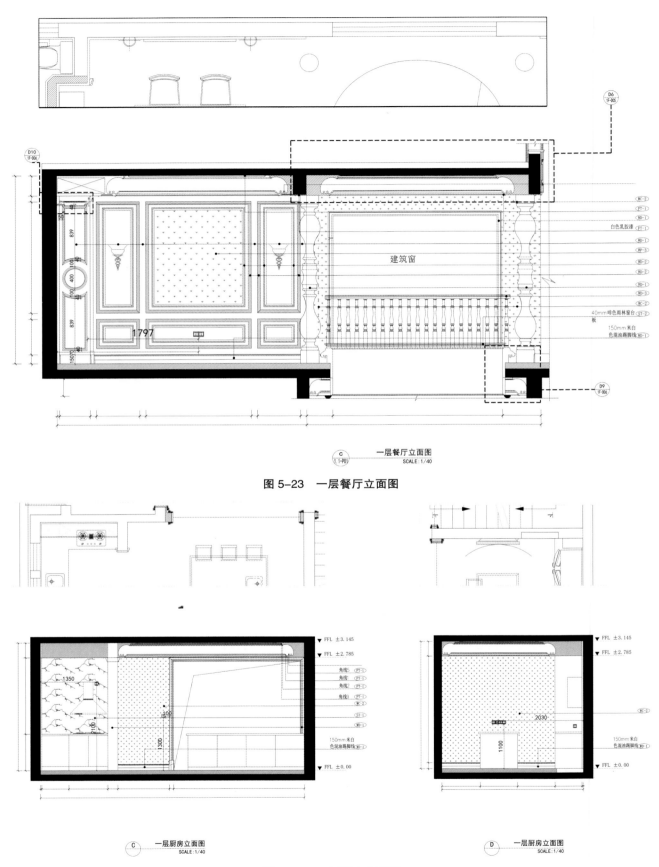

图 5-23　一层餐厅立面图

图 5-24　一层厨房立面图

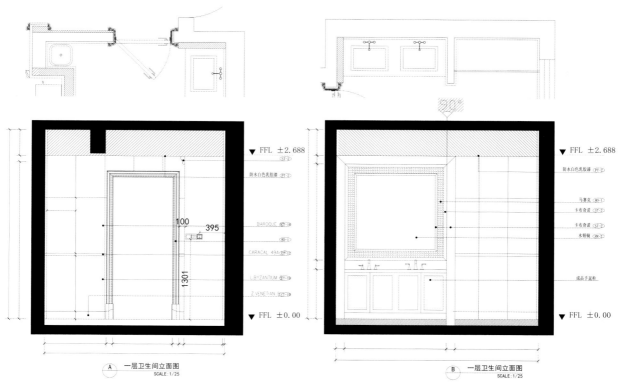

图 5-25　一层卫生间立面图

（3）大样图，如图 5-26 所示。

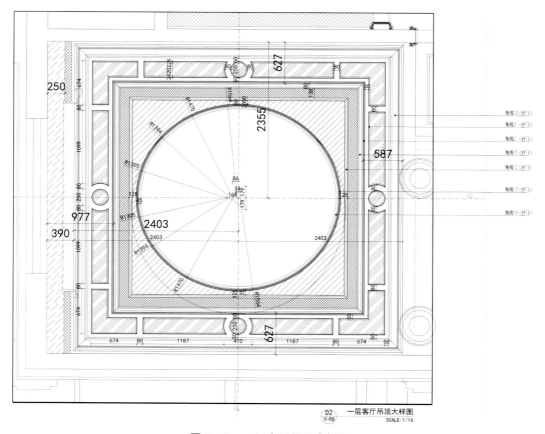

图 5-26　一层客厅吊顶大样图

（二）效果图

效果图如图 5-27 ~ 图 5-37 所示。

图 5-27　一层客厅效果图

图 5-28　共享空间效果图

图 5-29　一层餐厅效果图

图 5-30　主卧效果图

图 5-31　主卧卫生间效果图

图 5-32　男孩房效果图

图 5-33　男孩房书房效果图

图 5-34　男孩房卫生间效果图

图 5-35　厨房效果图

图 5-36　负一层休闲区效果图

图 5-37　负一层影音室效果图

八、文本制作

（1）封面，如图 5-38 所示。

（2）目录，如图 5-39 所示。

图 5-38　汇报文本封面

图 5-39　汇报文本目录

（3）内容。

① 设计说明（略）。

② 效果图（略）。

③ 施工图（略）。

④ 工程进度表（略）。

施工进度计划是为实现项目设定的工期目标，对各项施工过程的施工顺序、起止时间和相互衔接关系所做的统筹策划和安排。装修工程施工进度计划的编制有助于装修企业管理者抓住关键，统筹全局，合理地布置人力、物力，正确地指导施工生产顺利进行；有利于职工明确工作任务和责任，更好地发挥创造精神；有利于各项目的及时配合、协调组织施工。

⑤ 预算。

本案装修工程材料分类如图 5-40 所示。

标准类	定制类
瓷砖	橱柜
洁具	成品门
地板	衣帽柜
五金挂架	百叶门窗
地漏	楼梯
照明	石材
开关面板	其他门窗
	石膏线

图 5-40　材料分类

装修工程材料预算如图 5-41 所示。

⑥ 合同、材料一览表（略）。

九、方案实施

作为设计师或设计个体，设计完成之后交付业主，后期任务是协调业主寻找优秀的施工企业和现场跟踪。一般的室内设计公司都会有自己的施工方，作为设计师也可以委托他们进行施工，后期主要任务就是协调施工现场，做好设计施工的监管跟踪。

1. 对施工单位的基本要求

（1）具有室内装修技术资质。

（2）必须具有严格的管理制度和信誉保障。

（3）必须具有完善的设备条件和良好的施工队伍。

2. 施工流程

（1）甲乙双方签订合同。

（2）技术交底。

（3）现场施工。

3. 施工管理、后期配饰指导

施工完成之后，接下来设计师应该与公司的工程部门配合，向客户和施工负责人进行设计技术交底，解答客户和施工人员的疑问，包括分项技术交底、各工种放样确认、各工种框架确认、饰面收口确认、设备安装确认等，直至工程交工。

后期陈设设计部分包括家具、织物、灯具、陈设品、植物等。设计师要协助客户按照设计方案选购和指导现场摆放等。

工程编号：		客户名称：							
房间名称	序号	项目名称	单位	分类			工程量	总合计/元	附加说明
				人工费	材料费	合计			
共享楼梯间	1	楼梯踏步 OSB 找平	元/m²						水泥砂浆打底层，OSB 板骨架
	2	镜箱灯安装	元/个						灯具甲方提供，使用 WAGO 专用电线连接器连接
	3	墙面找平处理	元/m²						基层界面剂涂刷石膏找平
	4	墙面网格布铺贴	元/m²						单层网格布防水腻子及乳胶铺贴
	5	墙面护墙板基层	元/m²						欧松板衬底板
	6	顶面乳胶漆（百色漆）	元/m²						1.刷底漆一遍，面漆两遍。2.可刷双色，增加一色另加 150 元每套。3.原墙空鼓或不平需铲除后用水泥砂浆找平，增加 30 元每平方米
	7	筒灯、射灯、踢脚灯安装	元/个						1.灯具甲方提供。2.使用 WAGO 专用电线连接器连接
	8	插座、开关面板安装	元/个						1.主材甲方提供。2.使用 WAGO 专用电线连接器连接
		小计：							
一层入户门厅	1	新建240墙体	元/m²						该量为该层所有 240 墙体新建工程量
	2	砖墙拆除	元/m²						该量为该层所有拆除砖墙工程量
	3	石膏板直线造型天花（双层）	元/m²						1.高级轻钢龙骨，9mm 厚防水抗面石膏板饰面。2.饰面基层处理，批灰刷涂料及灯具，石膏线另计。3.吊顶有外露立面按展开面积计算，结构层高超过 3 m 另加 20 元/m²
	4	石膏板弧线造型天花	元/m²						1.高级轻钢龙骨，9mm 厚防水面石膏板饰面。2.饰面基层处理，批灰刷涂料及灯具，石膏线另计。3.吊顶有外露立面按展开面积计算，结构层高超过 3 m 另加 20 元/m²
	5	石膏小录制作	元/m²						1.高级轻钢龙骨，9mm 厚纸面石膏板饰面。2.饰面基层处理，批灰刷涂料及灯具，石膏线另计。3.按展开面积计算，结构层高超过 3 m 另加 20 元/m²。4.多层叠级吊顶，每层另加 30 元/m²
	6	顶面直线反光灯槽	元/m						1.高级轻钢骨骨架，9.5 mm 厚纸面石膏板饰面（按灯槽立面延米计算，灯槽立面高度不超过 20 cm）。2.饰面基层处理，批灰刷涂料及灯具，石膏线另计。3.按延长米计算。4.使用耐水石膏板每米增加 20 元
	7	顶面富分子角线粘贴（不含高分子线）	元/m²						1.80 mm~100 mm 普通素线粘贴轻工辅料。2.不足 1 m 按 1 m
	8	顶面富分子平线粘贴（不含高分子线）	元/m²						1.普通素线粘贴轻工辅料。2.不足 1 m 按 1 m
	9	天棚制作空调出风口回风检修口	元/个						现场石膏板制作
	10	顶面乳胶漆（百色漆）	元/m²						1.刷底漆一遍，面漆两遍。2.可刷双色，增加一色另加 150 元每套。3.原墙空鼓或不平需铲除后用水泥砂浆找平，增加 30 元每平方米
	11	墙面找平处理	元/m²						基层界面剂涂刷石膏找平
	12	墙面网格布铺贴	元/m²						单层网格布防水腻子及乳胶铺贴
	13	墙、顶面基层批刮腻子处理	元/m²						1.刷无醛界面剂或打底一遍。2.刮抗醛墙平 2~3 遍。3.墙面空鼓需铲除后用水泥砂浆找平，增加 30 元/m²
	14	墙面护墙板基层	元/m²						欧松板衬底板
	15	门窗口、垭口找平找方	元/m						按要求修改门洞局部大小，用 OSB 板或石膏板
	16	插座、开关面板安装	元/个						1.主材甲方提供。2.使用 WAGO 专用电线连接器连接
	17	筒灯、射灯、踢脚灯安装	元/个						1.灯具甲方提供。2.使用 WAGO 专用电线连接器连接
	18	壁灯安装	元/套						1.灯具甲方提供。2.使用 WAGO 专用电线连接器连接
	19	花灯安装（直径 500~800 mm）	元/套						1.灯具甲方提供。2.使用 WAGO 专用电线连接器连接
		小计：							
水电预收项	1	总计	其他						1.此项收费报价为预收，结算时按实际发生延长米（工程量）计算。2.开工前测量放线，依据放线长度预算工程量。3.墙外布线：30 元/m，PVC 线管护套，内穿国标 2.5 平方铜线 3 根以下（如使用 4 平方铜线每米增加 10 元）。4.终墙开槽：35 元/m，PVC 线管护套，内穿国标 2.5 平方铜线 3 根以下（如使用 4 平方铜线每米增加 10 元）；5.钢筋混凝土墙布线：40 元/m，暗槽时不允许切断钢筋，PVC 线管护套，内穿国标 2.5 平方铜线 3 根以下（如使用 4 平方铜线每米增加 10 元）。6.穿线：20 元/m（原有 PVC 暗管线盒，内穿 2.5 平方铜线，如使用 4 平方铜线每米增加 10 元，乙方提供电线）。7.弱电（电话线、电视线、网线、乙方只负责穿线不负责连接，材料为指定品牌，如需更换将按实际价格多退少补）；墙外布线 30 元/m，普通终墙布线 35 元/m，钢筋混凝土墙布线 40 元/m。8.PVC 线盒安装：10 元/个。9.开关、插座面板（甲方提供安装）安装：6 元/个。10.地面走线如做踢脚保护另加 10 元/m
	2	6平方砖明线	元/m						
	3	6平方砖暗线	元/m						
	4	4平方砖明线	元/m						
	5	4平方砖暗线	元/m²						
	6	2.5 平方砖明线	元/m						
	7	2.5平方砖墙开槽	元/m²						
	8	进口PF-K管DM25型	元/m						
	9	阀门安装轻工辅料	元/m						
	10	50下水改造	元/m						
	11	110下水改造	元/m						
		小计：							
其他	1	负一层防潮处理	元/m²						
	2	脚手架超高搬离（层高 3.2m以上）	元/m²						
	3	木录制作	元/m						
	4	打玻璃胶	元/m						
	5	打过墙眼	元/个						
	6	居室垃圾清运	元/m²						
	7	材料搬运费	元/m²						
	8	成品保护费	元/m²						
		小计：							
管理费合计：						¥			
直接费合计：						¥			
税金合计：						¥			
附加费：						¥			
工程总金额：						¥			

客户签字：　　　　　　　　设计师签字：　　　　　　　　审核人签字：

附加说明：　1.以上报价工程量以实际发生量为准。
　　　　　　2.此报价不含五金、洁具、墙地砖、玻璃、灯具、开关插座、地板等材料（由用户自选提供）费用。

图 5-41　装修工程材料预算

十、工程交付

当工程结束时，设计师要参与项目的分项验收和综合验收，包括提交竣工图、收取后期服务费、竣工后成果摄影、工作总结等。

思考与练习：

1. 施工图绘制的内容和注意事项有哪些？

第六章

居住空间陈设设计

JUZHU KONGJIAN CHENSHE SHEJI

学习要点

（1）了解居住空间陈设设计的概念和发展。

（2）熟悉居住空间陈设设计的主要元素类别和特征。

（3）了解居住空间陈设设计的流程和方法。

第一节
居住空间陈设设计的基本概念

室内陈设要素主要指家具、布艺、灯具、绿化、艺术品等，既要满足室内实用功能，还要满足人的各种心理需求，优化室内空间环境，体现特定的空间意境，达到功能性与装饰性的相互协调。室内陈设是室内环境空间的重要组成部分，除实用功能外，它作为有形的占有空间起着调节环境、渲染气氛、强化设计风格、增强室内意境的作用。空间环境中的陈设布置，无论围合、透、分、藏、露、启等都是为人们争得居住空间更大程度的自由与解放。室内意境创造成功与否，取决于陈设品在整个室内环境中能否揭示空间存在的意义，同室内环境的格调、尺度、色彩、材料等都有联系。可以说，室内陈设是室内环境中的点睛之笔，其表现的内涵远超美学范畴而成为某种理想的象征。

第二节
居住空间陈设设计的元素

一、家具元素

家具设计指的是用图形（或模型）和文字说明等方法，表达家具的造型、功能、尺寸、色彩、材料和结构的设计学科。室内家具设计是居住空间室内陈设设计的重要元素，家具的选择与布置是否合理，对于室内环境的装饰效果起着重大的作用。家具在室内设计空间中所占的比重大、体量突出，是室内空间的重要角色，所以根据室内空间的不同选择合适的家具至关重要。

室内家具的分类如下：

（1）按使用功能分类：支撑类家具、各种坐具，如床、塌、椅、沙发；凭倚类家具、带有操作性的台面家具，如桌、台、几等；储藏类家具，各种有储存、展示功能的家具，如箱柜、橱架等；装饰类家具、陈列装饰品的开敞式柜类，如博古架、屏风、漏窗。

（2）按结构特征分类：如框式家具、板式家具、折叠家具、曲木家具、壳体家具、悬浮家具、根雕家具。

（3）按制作家具的材料分类：如木制家具、塑料家具、竹藤家具、玻璃家具、金属家具、皮革家具、布艺家具。

（4）按家具风格分类：如欧式古典家具、中式家具、现代简约家具、装饰主义家具和后现代家具等。

居住空间内常用的功能性陈设品是家具，在不同功能分区的家具陈设常见的有以下几种，如表6-1所示。

表6-1　功能性软装元素——家具

客厅家具		起居室	
三人沙发		三人沙发	
贵妃榻		单人沙发、脚凳	
陈列柜		收藏柜	
咖啡几		咖啡几	
单人沙发		餐厅家具	
		餐桌	
角几		餐边柜	
玄关几		餐椅	
电视柜		三层边桌	

续表

书房家具		老人房	
书桌		床	
座椅		衣柜	
角几		床头柜	
书柜		床尾凳	
主卧		青少年房	
床		床	
梳妆台		衣柜	
梳妆椅		单人沙发	
床头柜		床头柜	
床尾凳		书桌	

二、室内灯饰元素

室内灯饰是指用于室内照明和室内装饰的灯具。从定义上可以看出室内灯饰的两大功能，即照明和装饰。室内灯饰设计是针对室内灯具的样式设计，目的是使其满足人们的不同审美需求和室内空间照明的需要。室内灯饰具有风格造型多样化、实用、追求个性化、节约环保和追求多元化的照明效果等特征。灯饰不仅能给较为单调的顶面色彩和造型增加新的内容，同时还可以通过灯的规格、安装的位置、造型的变化、灯光强弱的调整等手段，起到烘托室内气氛、改变房间结构感觉的作用，特别是灯饰高贵的材质、优雅的造型和绚丽的色彩，往往成为居室装修中的点睛之笔。

室内灯饰的分类如下：

（1）按照安装方式不同进行分类：如吊灯、吸顶灯、台灯、落地灯、壁灯、筒灯、轨道射灯和特色效果灯等，如表 6-2 所示。

表 6-2　功能性软装元素——灯具

品　种	性　能	代表图片	品　种	性　能	代表图片
吊灯	吊灯适合安装在客厅、餐厅及主卧室。用于居室的吊灯分单头吊灯和多头吊灯，吊灯离地面不宜低于 2.2 m		落地灯	常用作局部照明，强调移动的便利，用于烘托角落气氛，适合阅读等需要集中精神的活动	
吸顶灯	常用的有方罩吸顶灯、圆球吸顶灯、半扁球吸顶灯等。可直接装在天花板上，安装简易		工艺蜡烛	工艺蜡烛配合烛台，能够烘托出别样的风情，使用比较讲究	
台灯	台灯是把灯光集中在一块区域内，集中光线，便于工作和学习的灯具		壁灯	常用的有单头壁灯、双头壁灯、镜前壁灯等，安装高度不低于 1.8 m	
轨道灯	安装在轨道上面的灯，可调节照射角度，一般作为射灯用在重点照明区域		筒灯	筒灯是一种嵌入到天花板内光线下射式的照明灯具	
镜前灯	镜前灯类似于壁灯，常悬挂于镜子上方用于局部照明		过道灯	过道灯通常尺寸较小，造型简单，主要用于过道照明	

（2）从灯的主要材质来看，分为玻璃灯、云石灯、水晶灯、布艺灯、铜质灯、铁艺灯、陶瓷灯等。

（3）按照风格不同大致分为中式、欧式、自然田园和现代等多种风格。

灯饰的色彩应与家居的环境装修风格相协调，必须考虑到居室内家具的风格、墙面的色泽、家用电器的色彩等因素。

三、布艺元素

（一）布艺

布艺是指以布为主要材料，经过艺术加工，达到一定的艺术效果和使用条件，满足人们生活需求的纺织类产品。室内布艺包括窗帘、地毯、床上用品、靠垫、沙发套、台布、壁布等。其主要作用是既可以防尘、吸音和隔音，又可以柔化和点缀室内空间，营造出室内温馨、浪漫的情调。布艺设计是指对布艺的样式和材料进行搭配设计。

布艺设计风格主要分为中式庄重优雅风格、欧式豪华富丽风格、自然田园淳朴素雅风格和现代简洁明快风格。

（二）窗帘

窗帘是用布、竹、苇、麻、纱、塑料、金属材料等制作的遮蔽或调节室内光照的挂在窗上的帘子。窗帘是布艺元素中最重要的一部分，它已是居室空间中不可缺少的、功能性和装饰性完美结合的装饰品。窗帘种类繁多，表6-3所示是窗帘常见的四种类别和窗帘构件的名称。

表6-3　功能性软装元素——窗帘

窗帘样式分类			窗帘构件分类	
罗马帘	比较适合安装在豪华居室的布艺帘，特别适合使用于装有大面积玻璃的观景窗		罗马杆	
卷帘	简洁大方、花色较多，使用方便，遮阳，透气防火，易清洁		滑道	
垂直帘	可左右自由调光。材料分为PVC垂直帘、普通面料、铝合金		窗帘帷幔	
百叶帘	遮光效果好、透气强，更适合安装在厨房内，可直接洗掉油污		窗帘绑带	

四、室内陈设品元素

室内陈设品指的是室内的摆设饰品，是用来营造室内气氛和传达精神的物品。随着人们生活水平和审美能力的提高，人们越来越认识到室内陈设品装饰的重要性，室内设计已进入"重装饰轻装修"的时代。

室内陈设品的分类：从使用角度上可以分为功能性陈设品（如餐具、茶具、烛台、钟表和生活用品等）和装饰性陈设品（如艺术品、工艺品、花艺和装饰画等）。

五、室内绿植元素

室内绿植陈设包括各类植物、花卉（干花、仿真花）、盆景艺术、插花艺术等。在室内环境中，大到茂盛挺拔的树木或大面积的绿植墙，小到屋角的一花一草，凡是在室内空间中能够起到装饰和绿化环境作用的植物花卉，都可算作是绿植陈设。绿植陈设不仅可以装饰美化居室环境，避免空间环境的单一呆板，弥补硬装的缺陷，还可以改善室内空气质量，在室内环境中营造出自然清新的氛围，有益于人的身心健康，让人即使身处室内也能感受到大自然的气息。

适合应用在室内的观赏性植物多达上百个品种，可供选择的范围很大，比较常见的一些观赏性植物有巴西铁、虎尾兰、散尾葵、棕竹、南洋杉、红掌、白掌、绿萝、吊兰、龟背竹等。室内绿植陈设要与室内陈设风格相协调，才会让整体陈设风格更加协调统一，突出风格特点，达到最佳的装饰效果。

第三节
居住空间陈设设计

居住空间陈设设计是指在居住空间硬质装修完毕之后，利用那些易更换、易变动位置的家具陈设物，对室内空间进行二度装饰的一门新兴设计学科。居住空间陈设设计更能体现出空间使用者的品位和审美素养，是营造居住空间氛围的点睛之笔，它打破了传统的装修行业界限，将家具与陈设进行重新组合，形成新的理念，丰富了空间形式，满足了居住空间的个性化需求。居住空间陈设设计是针对室内居住空间的各个功能分区进行的设计，它应该根据空间的整体风格及客户的生活习惯、兴趣爱好和经济状况，设计出符合主人个性品位，且经济、实用的居住空间环境。居住空间的陈设表达现代人的审美情绪、意志和行为。居住空间陈设设计与居住空间室内设计是从属关系，不但包括各种居住空间室内陈设品的设计制作，还涵盖了通过运用对比、重复、对称、均衡等设计手法，对居住空间中的各种物品进行组合、摆设以及布置。

一、居住空间陈设设计的原则

创造美观舒适的居住空间环境是设计的宗旨，居住空间设计是一种限定性的空间设计，在设计时不但要考虑它的功能、实用性和安全性，还要充分考虑居住空间的美观性和艺术性，包括室内的造型、色彩、材料等。居住空间陈设设计是实现室内空间美观性和艺术性的重要内容，室内陈设设计的好坏直接影响到室内空间的整体艺术效果。因此，了解和掌握室内陈设设计与搭配方法和技巧是优化室内空间、创造室内艺术氛围的重要手段。

居住空间陈设设计的搭配原则包含以下几个方面的内容。

（一）经济适用性

选择居住空间陈设品首先必须考虑预算，其次考虑陈设品的品质、装饰性和用途。大户型居住空间，如果预算充足，可以选择档次高、品质工艺精致、细腻、商业价值高的陈设品或者收藏品；普通户型以及小户型的居住空间，或者人流量大的酒店空间、易损坏的公共空间可以选择物美价廉的陈设品，更加注重陈设品的装饰和点缀的功能。

（二）美学规律性

创造美观舒适的居住空间环境是以美和舒适为前提的，因此在设计中需要遵守美学规律的形式美法则，进行整体陈设设计工作。其中的形式美法则有以下几个：

（1）统一与变化的形式美法则；

（2）风格的协调法则；

（3）室内环境色调的统一法则；

（4）室内陈设的造型应该遵循的主从与呼应法则；

（5）陈设的图案与纹理整体融合法则；

（6）陈设的均衡、虚实与体量的法则。

二、居住空间陈设设计的流程

居住空间陈设设计的具体工作分为 7 个流程，如图 6-1 所示。

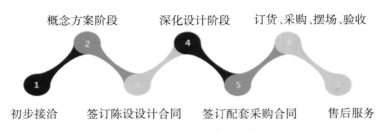

图 6-1 居住空间陈设设计的具体工作流程

（一）初步接洽

初步接洽，需要对已经完成硬装的居住空间进行首次空间测量，具体的工作要点有：

（1）准备测绘工具（5 m 卷尺、相机）。

（2）测量流程。首先了解空间尺度，以及硬装基础，然后测量现场尺寸，并绘制居住空间室内平面图和立面图，同时现场拍照，详细记录室内空间形态。

（3）测量要点。测量时间是在硬装完成之后，在构思配饰产品时对空间尺度要精准把握，按照比例进行设计和布置。图 6-2 所示为测量的户型一层和二层的平面图。

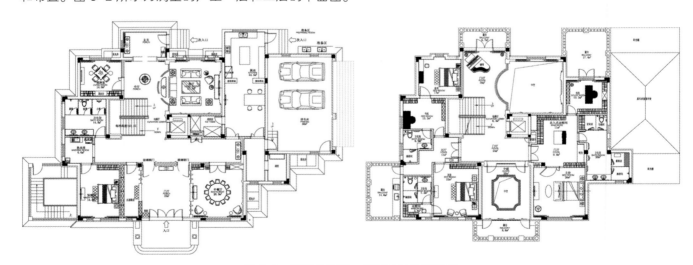

图 6-2 测量的户型一层和二层的平面图

（二）概念方案阶段

概念方案阶段指的是针对客户需求形成初步概念汇报方案，概念方案阶段包含对客户生活方式的探讨、色彩元素设计、风格元素设计和初步方案制作。

1. 对客户生活方式的探讨

对客户生活方式的探讨就是针对客户的空间流线和生活流线、职业特点和生活习惯、文化喜好和风格喜好、宗教禁忌和风俗习惯等方面与客户沟通，尽可能捕捉客户深层次的需求，并形成客户分析图，如图6-3所示。

女主人，大学教授，43岁，骨子里透露出古典气质，恬静优雅，喜欢古典乐

男主人，公务员，45岁，爱好木雕收藏，乐于与志同道合的朋友探讨藏品、历史文化和人生

父亲，法官，已退休，72岁；母亲，事业单位职员，已退休，70岁。两老钟爱喝茶、养生

小男孩，5岁，活泼可爱、聪明伶俐，喜欢足球，也很喜欢围棋

图6-3　客户分析图

2. 色彩元素设计

工作流程：详细观察和了解居住空间硬装现场的色彩关系和色调，对整体室内陈设设计方案的色彩要有总体的控制，把握三种色彩关系，即背景色、主体色和点缀色。室内色彩要既统一又富有变化，并且符合生活要求。陈设设计方案形成一整套色彩设计，如图6-4所示。

图6-4　色彩元素设计

3. 风格元素设计

工作流程：与客户探讨室内陈设的装饰风格，明确室内硬装的装饰风格，尝试通过陈设的合理搭配完善和弥补硬装的不足和缺陷。例如，下列方案根据客户喜好确定风格为新中式风格，形成意向图案，如图6-5所示。

图6-5　风格元素设计

4. 初步设计构思的确立和初步室内陈设方案的制作

工作流程：设计师综合以上环节并结合室内平面布置图，制作室内陈设方案初步布局图，并初步选配家具、布艺、灯饰、饰品、装饰画、花艺、植物、日用品等，注意产品的比重关系（家具 60%，布艺 20%，其他部分 20%）。初步室内陈设方案在色彩、风格、产品、款型的选择上应注意装饰风格和色彩搭配的整体性，在方案获得业主认可的前提下做两份报价，一个中档，一个高档，以便客户有更多的选择余地。图 6-6～图 6-16 所示为一整套初步陈设设计方案。

图 6-6　初步陈设设计方案 1

图 6-7　初步陈设设计方案 2

图 6-8　初步陈设设计方案 3

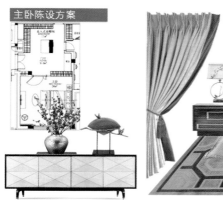

图 6-9　初步陈设设计方案 4

图 6-10　初步陈设设计方案 5

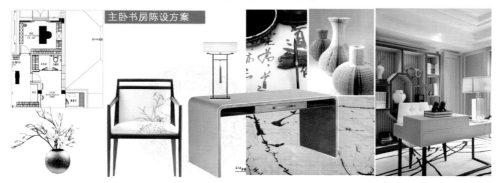

图 6-11　初步陈设设计方案 6

图 6-12　初步陈设设计方案 7

图 6-13 初步陈设设计方案 8

图 6-14 初步陈设设计方案 9

图 6-15 初步陈设设计方案 10

图 6-16 初步陈设设计方案 11

（三） 签订室内陈设设计合同

工作流程：在初步室内陈设设计方案经客户确认后签订室内陈设设计合同，并按照比例收取设计费。

（四） 深化设计阶段

工作流程：根据初步方案进行二次空间测量，并深化、更改陈设设计方案。

设计师带着初步陈设方案布局图到现场二次核对室内陈设的摆放位置、尺度关系和搭配情况，并对细部进行纠正，反复推敲现场摆位的合理性。针对客户对初步方案的反馈意见进行方案的修改和调整，其中包括色彩调整、风格调整、配饰元素调整、具体细节的调整和价格调整。

（五） 签订配套采购合同

工作流程：对照初步方案的 PPT 文件制作和初步方案对应的 Excel 报价表，详细系统地介绍给客户。在介绍和讲解的过程中，注意客户的反馈意见，以便下一步对方案进行有针对性的修改。与客户签订采购合同之前，先与配饰产品的供货商核定产品的规格、价格和库存，再与客户确定配饰产品的采购合同。经过反复和客户确认后，最终形成居住空间陈设委托购买明细汇总表，如表 6-4 所示。

表 6-4　居住空间陈设委托购买明细汇总表

工程地址：

序号	产品类别	品牌	数量	产品价格	供货周期	备注
1	定制家具	××	××	××	40 天	
2	衣帽柜	××	××	××	25 天	
3	品牌家具	××	××	××	30 天	
4	壁纸	××	××	××	20 天	
5	灯具	××	××	××	20 天	
6	绿植	××	××	××	25 天	
7	窗帘	××	××	××	20 天	
8	地毯	××	××	××	25 天	
9	装饰画	××	××	××	20 天	
10	装饰摆件	××	××	××	15 天	
合计金额						

居住空间陈设委托购买明细汇总表是对需要购买的陈设品 10 个大类别进行的报价汇总，其中还需要对不同类别的购买明细分类制作相应的报价单。

（1）家具类别：先进行品牌选择和市场考察，然后确定品牌家具或者定制家具，要求供货商提供家具设计图纸、产品列表和报价，家具类别报价单如表 6-5 所示。

表 6-5　家具类别报价单

序号	点位名称	款型图片	品牌	规格	材质	数量	单位	单价	合计	备注
1	客厅		SJ	520 mm × 620 mm × 890 mm	实木框架 + 布艺	1	件			
合计										

（2）布艺类别：先进行产品考察，选择与陈设方案相对应的产品，详细考核布艺的材质和面料，制作产品列表和报价表。布艺类别报价单如表6-6所示。

表6-6　布艺类别报价单

序号	点位名称	款型图片	品牌	型号	规格	材质	数量	单位	合计	备注
1	客卧背景墙		TD	壁画 PL50307	3 m × 2.7 m	布艺	1	卷		
	合计									

（3）灯饰类别：先进行产品考察，选择与陈设方案相对应的灯具产品，根据不同空间的尺度，确认灯饰的照度、尺寸和安装要求等，制作灯饰类别报价单，如表6-7所示。

表6-7　灯饰类别报价单

序号	点位	款型图片	品牌	型号	规格	材质	数量	单位	单价	备注
1	餐厅		HD	MB1002-5	180H540	布艺	1	盏		
	合计									

（六）订货、采购、摆场、验收

（1）在客户签订采购合同后，按照设计方案的排序进行配饰产品的采购与定制。通常情况下，先确定配饰项目中的家具并采购或定制（需要30~60天），其次是布艺和灯饰的采购和定做（需要10天左右），其他配饰也需要参考定制时间进行确认。

（2）摆场指的是陈设物到达现场后，在现场进行安装和摆放。室内陈设品的布置和摆放非常重要，要求在所有的配饰都到达现场，对产品质量和型号依次核对无误之后，按照灯饰—家具—布艺—装饰画—其他饰品的顺序进行摆放。摆放时及时针对现场突发情况进行合理的调整、安排，保证最终的陈设效果。

（3）验收是指摆场结束后根据最终方案和报价进行工程验收核对。

（七）售后服务

陈设设计服务完成后还要对所有的陈设产品的质量和使用售后、保养等细节工作进行协调，需要根据与陈设品供应商的协调完成相应售后服务工作的交接工作。

思考与练习：

1. 居住空间陈设设计的内容包括哪些？简述陈设设计在居住空间中的重要性。

2. 居住空间陈设设计的元素有哪些？

3. 简述居住空间陈设设计的流程和步骤。

附录
FULU

附录 A
《住宅设计规范》（GB 50096—2011）的常见要求

（1）住宅应按套型设计，每套住宅应设卧室、起居室（厅）、厨房和卫生间等基本空间。

（2）厨房应有直接采光、自然通风，并宜布置在套内近入口处。

（3）厨房应设置洗涤池、案台、炉灶及排油烟机等设施或为其预留位置。

（4）卫生间不应直接布置在下层住户的卧室、起居室（厅）、厨房和餐厅的上层，可布置在本套内的卧室、起居室（厅）和厨房的上层，但均应有防水和便于检修的措施。

（5）卧室、起居室（厅）的室内净高不应低于 2.40 m，局部净高不应低于 2.10 m，且其面积不应大于室内使用面积的 1/3。

（6）利用坡屋顶内空间作卧室、起居室（厅）时，至少有 1/2 的使用面积的室内净高不低于 2.10 m。

（7）阳台栏杆设计应防止儿童攀登，栏杆的垂直杆件净间距不应大于 0.11 m；放置花盆处必须采取防坠落措施。

（8）低层、多层住宅栏杆净高不应低于 1.05 m，中高层、高层住宅的阳台栏杆净高不应低于 1.10 m。

（9）楼梯梯段净宽不应小于 1.10 m；不超过六层的住宅，一边设有栏杆的梯段净宽不应小于 1.00 m。

（10）楼梯踏步宽度不应小于 0.26 m，踏步高度不应大于 0.175 m。扶手高度不应小于 0.90 m。楼梯水平段栏杆长度大于 0.50 m 时，其扶手高度不应小于 1.05 m。楼梯栏杆垂直杆件间净空不应大于 0.11 m。

附录 B
装修材料汇总

一、顶部装修材料

顶部装修材料汇总表如表 B-1 所示。

表 B-1　顶部装修材料汇总表

材料名称	基本属性	图例
1. 纸面石膏板吊顶	纸面石膏板具有轻质、防火、加工性能良好等优点，施工方便，装饰效果好。规格一般为 2400 mm×1200 mm×9.5 mm，除了用于顶面，还可用来制作非承重的隔墙	
2. 铝扣板吊顶	由于纯铝较软，因此市面上的铝扣板其实是铝合金材质，有铝镁合金、铝锰合金等。铝锰合金扣板硬度较高，耐腐蚀性能好，俗称不锈铝。规格：300 mm×300 mm、600 mm×600 mm。另外，市场上还有一种集成吊顶，是将灯、排风扇、浴霸等产品集合在一个吊顶内，而且可以根据房型有效地对空间进行分割	
3. PVC 板吊顶	以前是常用的吊顶材料，它成本低，花色多样，易于清洗，铺装方便，但实用性不强，时间长容易老化变色，目前多被淘汰	
4. 玻璃吊顶	一般吊顶内部安放灯源，增加美观效果。玻璃吊顶并非常用吊顶，只有少量人会选用。玻璃吊顶的验收应重点注意玻璃的品种、规格、色彩、图案、固定方法等因素	
5. 桑拿板	桑拿板是多用于卫生间、阳台顶面的专用木板，一般选材于进口的松木类和南洋硬木，经过防水、防腐等特殊处理，不仅环保而且不怕水泡，防霉、防腐烂	
6. 装饰线	装饰线用在天花板与墙面的接缝处，能够起到增加室内层次感的重要作用。装饰线以石膏线或者木线为主，但是存在一定的缺点。目前多以防虫、防蛀、防火的 PU 装饰线应用为主	

二、墙柜体装修材料

墙柜体装修材料汇总表如表 B-2 所示。

表 B-2　墙柜体装修材料汇总表

1. 漆与涂料	乳胶漆、木器漆、水性金属漆、艺术涂料、液体壁纸、仿岩涂料、硅藻泥
2. 壁纸	纯纸壁纸、天然植物壁纸、PVC 材料壁纸（又称塑料壁纸）、无纺布壁纸、纺织物壁纸、液体壁纸等
3. 墙砖	仿石材砖、仿古砖、金属砖、马赛克、洞石、砂岩、文化石等
4. 饰面板	常见的有木质饰面板、石材饰面板和金属饰面板等
5. 台面材质	石英石台面、人造石台面、天然石材台面、不锈钢台面
6. 基础板材	主要包括细木工板、胶合板、密度板、刨花板、免漆板等
7. 玻璃	平板玻璃、钢化玻璃、夹层玻璃、中空玻璃、镀膜玻璃、磨砂玻璃、压花玻璃、泡沫玻璃、玻璃砖、镭射玻璃等

（1）涂料，如表 B-3 所示。

表 B-3　墙体涂料一览表

材 料 名 称	基 本 属 性	图　　例
1. 乳胶漆	乳胶漆是乳胶涂料的俗称，是以丙烯酸酯共聚乳液为代表的一大类合成树脂乳液涂料。它具备了与传统墙面涂料不同的众多优点，如易于涂刷、干燥迅速、耐水、耐擦洗性好等	
2. 木器漆	是用于木制品上的一类树脂漆，有硝基漆、聚酯漆、聚氨酯漆等，可分为水性和油性，按照光泽可分为高光、半哑光、哑光，按用途可分为家具漆、地板漆等，又有清漆、白色漆和彩色漆之分	
3. 水性金属漆	主材为水性氨基树脂、有机颜料以及助剂。可对不锈钢、铝合金、镁合金等金属起到表面装饰及保护作用。特点是漆膜丰满、平滑、硬度高、附着力强、耐黄变、耐水、耐酸碱、耐磨，性能持久稳定、安全，是全新的环保产品	
4. 液体壁纸	是一种集壁纸和乳胶漆优点于一身的环保型涂料。可以通过特殊施工工艺，使图案凸起，呈现立体效果	
5. 艺术涂料	用高科技处理工艺，无毒，环保，同时还具备防水、防尘、阻燃等功能。优质艺术涂料可冲刷、耐摩擦，色彩历久常新。有板岩漆系列、浮雕漆系列、肌理漆系列、金属系列、裂纹漆系列、砂岩漆系列、洞石等多种系列与种类	
6. 特种涂料	特种涂料统指对被涂物不仅具有保护和装饰作用，还具有特殊作用的涂料。市面上有防火涂料、发光涂料、防水涂料、防霉涂料及灭虫涂料	

（2）墙面壁纸，如表 B-4 所示。

表 B-4　墙面壁纸一览表

材 料 名 称	基 本 属 性 及 优 缺 点 分 析	图　　例
1. 纯纸壁纸	主要由草、树皮及新型天然加强木浆（含 10%的木纤维丝）加工而成，成为绿色家居装饰的新趋势	
2. 天然植物壁纸	由麻、草、木材、树叶等植物纤维制成，是一种高档装饰材料	
3. PVC 材料壁纸	主要材料大部分是纸基和 PVC，是由 PVC 表层和底纸经施胶压合而称，合为一体后，再经印制、压花、涂布等工艺生产出来的	

续表

材料名称	基本属性及优缺点分析	图 例
4. 无纺布壁纸	是目前国际上最流行的新型绿色环保壁纸材质,它是以棉麻等天然植物纤维或涤纶、腈纶等合成纤维,经过无纺成型的一种壁纸	
5. 纺织物壁纸	是壁纸中较为高级的品种,主要是用棉、麻、羊毛、丝等纤维织成,这类壁纸中有一种静电植绒做法,是将合成纤维的短绒植于纸基之上而成,手感较好	

（3）墙面砖石,如表 B-5 所示。

表 B-5　墙面砖一览表

材料名称	基本属性	图 例
1. 仿石材砖	仿石材砖没有天然石材的放射性污染,同时也避免了天然石材的色差,保持了天然石材的纹理,拼接起来更加自然。与天然石材相比,价格更易于接受,因而很受消费者青睐	
2. 仿古砖	实际上是上釉的瓷质砖,通过样式、颜色、图案营造出怀旧的氛围	
3. 金属砖	常见的金属砖有两种,一种是仿金属色泽的瓷砖,另一种是用不锈钢裁切而成的砖。仿金属砖有仿锈金属砖、花纹金属砖以及立体金属砖等不同款式	
4. 马赛克	马赛克是将长度不超过 45 mm 的各种颜色和形状的材质（陶瓷、玻璃等）小块铺贴在纸上而制成的一种装饰材料,色泽绚丽多彩,典雅美观,质地坚硬,性能稳定,具有耐热、耐寒、耐候、耐酸碱性能,价格较低,施工方便	
5. 洞石	学名叫作石灰华,是一种多孔的岩石,纹理特殊,多孔的表面极具特色。常见的有白色、米黄色、咖啡色及红色等	
6. 砂岩	由石英颗粒（沙子）形成,结构稳定,通常呈淡褐色或红色,主要含硅、钙、黏土和氧化铁	
7. 文化石	文化石规格尺寸小于 400 mm × 400 mm,表面粗糙,在室内装饰中主要用于背景墙、火炉、走廊等	

（4）饰面板，如表 B-6 所示。

表 B-6　饰面板一览表

材 料 名 称	基 本 属 性	图　例
1. 木质饰面板	按照木材的材质分为天然木质单板饰面板和人造薄木饰面板。按照木材的种类来区分，市场上的饰面板大致有柚木饰面板、胡桃木饰面板、西南桦饰面板、枫木饰面板、水曲柳饰面板、榉木饰面板等。另外，还有木料制成的实木板或者夹板做的风化板，以及由中纤板经电脑雕刻、喷涂工艺制作的波浪板等饰面板，有较多种类可供选择	
2. 石材饰面板	包括天然大理石饰面板、天然花岗石饰面板、人造大理石饰面板、水磨石饰面板等	
3. 金属饰面板	一种以金属为表面材料复合而成的新颖室内装饰材料，一般有彩色铝合金饰面板、彩色涂层镀锌钢饰面板和不锈钢饰面板三种	

（5）台面材质，如表 B-7 所示。

表 B-7　台面材质一览表

材 料 名 称	基 本 属 性	图　例
1. 石英石台面	石英石台面是利用碎玻璃和石英砂制成的。优点是耐磨不怕刮划，耐热，可大面积铺地贴墙，做各种厨卫台面，拼接无缝，经久耐用	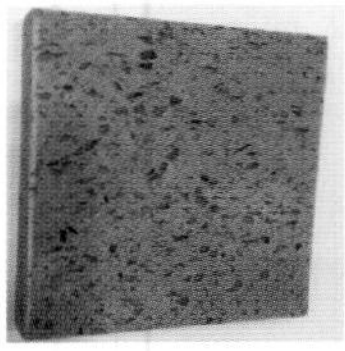
2. 人造石台面	人造石是目前十分走俏的台面用材，它分无缝和有缝两种。无缝人造石台面是目前橱柜中用得最为广泛的材料	
3. 天然石材台面	天然石材中的高档花岗岩、大理石是橱柜台面的传统原材料，比较常用的是黑花和白花两种	
4. 不锈钢台面	不锈钢台面光洁明亮，各项性能较为优秀。它一般是在高密度防火板表面再加一层薄不锈钢板	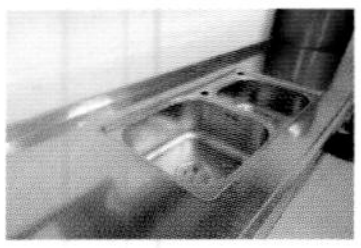

（6）板材，如表 B-8 所示。

表 B-8　基础板材

材 料 名 称	基 本 属 性	图　例
1. 细木工板	又称大芯板，它具有质轻、易加工、握钉力好、不易变形等优点，是室内装修和高档家具制作的理想材料。规格为 2400 mm×1200 mm，厚度有 15 mm、18 mm、22 mm、25 mm 几种，常用于隔墙及基层骨架制作等	
2. 胶合板	由三层或多层 1 mm 厚的单板或薄板胶贴热压制而成，是目前手工制作家具最为常用的材料。通常有 3 夹板、5 夹板、9 夹板、12 夹板	
3. 密度板	也称纤维板，按其密度的不同分为高密度板、中密度板、低密度板；按照表面不同可分为一面光板和两面光板两种；按原材料不同可分为木材纤维板和非木材纤维板。厚度有 3 mm、5 mm、10 mm、12 mm、16 mm 几种。密度板的优点是质软耐冲击、容易再加工，缺点是吸湿后容易翘曲变形	
4. 刨花板	是以木材或木材加工剩余物作为原料，加工成刨花或碎料，再加入一定的胶黏剂，在一定温度和压力下制作而成的一种人造板材。由于其整体松软、硬度低，一般不宜作为家具框架结构。厚度有 6 mm、8 mm、10 mm、16 mm、20 mm、25 mm、30 mm 几种	
5. 免漆板	一般是将带有不同颜色或纹理的纸放入三聚氰胺树脂胶黏剂中浸泡，然后干燥到一定固化程度，将其铺装在刨花板、中密度纤维板、胶合板、细木工板或其他板材上面，经热压而成的装饰板，因此免漆板也被称作三聚氰胺板	

（7）玻璃，如表 B-9 所示。

表 B-9　玻璃材料

材 料 名 称	基 本 属 性	图　例
1. 平板玻璃	包括拉引法生产的普通平板玻璃和浮法玻璃。浮法玻璃具有比普通平板玻璃更好的性能，主要用于建筑物的门窗玻璃、制镜玻璃以及玻璃深加工原片	
2. 钢化玻璃	又称为强化玻璃。钢化玻璃最受大众欢迎的是其破碎后的碎片安全性，能保证其即使破碎也不会产生尖锐碎片带来较大的划伤事故。钢化玻璃存在一定的自爆问题，不宜在天棚、天窗中单片单独使用，在厨房、淋浴房等温差较大的区域使用时，需加贴防爆膜	
3. 夹层玻璃	是将两层单片玻璃之间通过一层或多层有机聚合物中间膜，经过高压和高温处理使玻璃和中间膜永久黏结为一体的复合玻璃，安全性很高	
4. 中空玻璃	中空玻璃是以两片或者多片玻璃为有效支撑，均匀隔开并在周边黏结密封，在玻璃层间注入干燥气体的复合玻璃产品。具有三大特点：隔热、隔音、防结露	

续表

材料名称	基本属性	图例
5. 镀膜玻璃	又称热反射玻璃，包含阳光控制镀膜玻璃和低辐射镀膜玻璃，它的工艺原理是在玻璃表面镀上各种性能的金属或金属氧化物，使玻璃的遮蔽性能改变，达到控光、隔热、节能的目的，属于玻璃制品的中高端产品	
6. 磨砂玻璃	又称为毛玻璃，它是将平板玻璃的表面经机械喷砂、手工研磨或用氢氟酸溶蚀等方法处理成均匀毛面而成。由于表面粗糙，只能透光而不能透视，多用于浴室、卫生间和其他需要遮挡的房间	
7. 压花玻璃	是在平板玻璃硬化前用带有花样图案的滚筒压制而成的	
8. 泡沫玻璃	泡沫玻璃是一种多孔轻质玻璃。不透水、不透气，能防火，抗冻性强，隔声性好。可锯、钉、钻。是良好的绝热材料，可用作墙壁、屋面保温，或用于音乐室、播音室的隔声等	
9. 玻璃砖	又称特厚玻璃，分为实心砖和空心砖两种。玻璃砖可用于建造透光隔断、门厅等场所	
10. 镭射玻璃	特点在于当它处于任何光源照射下时，都能够衍射，产生色彩的变化。可用于居室的界面装饰，也可以用于制作灯饰等其他装饰性物品	

三、地面装修材料

地面装修材料汇总表如表 B-10 所示。

表 B-10　地面装修材料汇总表

1. 地面涂料	地板漆、水性地面涂料、乳液型地面涂料、溶剂型地面涂料
2. 地板	包括实木地板、实木复合地板、强化地板、竹地板、塑料地板（包括塑料压花地板、塑料发泡地板等）
3. 地坪	包括环氧自流平地坪、金刚砂耐磨地坪、环氧水磨石地坪、水泥基水磨石、环氧彩砂地坪、环氧防静电地坪、环氧防滑地坪、聚脲防腐地坪、聚氨酯地坪、硅 PU 地坪、混凝土密封固化剂地坪等
4. 地面砖	陶瓷地面砖、马赛克地砖、天然石材（大理石、花岗岩、板岩）、人造石材（水磨石、聚酯型人造大理石、烧结型人造大理石、微晶石）等
5. 地毯	纯毛地毯、混纺地毯、合成纤维地毯、塑料地毯、植物纤维地毯

（1）地面涂料，包括地板漆、水性地面涂料、乳液型地面涂料、溶剂型地面涂料。

（2）地板，如表 B-11 所示。

表 B-11　地板材料

材 料 名 称	基 本 属 性	图 例
1. 实木地板	实木地板是木材经烘干、加工后形成的地面装饰材料。优点是调节湿度，经久耐用，环保。缺点是难保养，需要定期打蜡，价格较高	
2. 实木复合地板	是在实木地板的基础上，经过加工处理，将木材分解再组合而成。优点是保持了木材纹理，稳定性好，耐磨耐热。缺点是环保性能差	
3. 强化地板（复合地板）	采用高密度板为基材，2～3 年生的木材被打碎成木屑制成板材使用。优点是耐磨性好，耐污渍，便于清洁，价格优势明显。缺点是容易产生变形反翘现象，环保性差，存在一定的甲醛释放问题	
4. 竹地板	以天然优质竹子为原料，经过多道工序而成。优点是材质坚硬，有较好的弹性，脚感舒适，受干湿影响较小，稳定性高，耐磨性好。缺点是加工成本较高，价格维持在较高水平	
5. 塑料地板	目前常用的塑料地板是 PVC 材料制成的。具有较好的耐燃性、自熄性，性能可以随增塑剂、填充料的加入量而变化。按照地板外形可分为块状塑料地板和塑料卷材地板	

（3）地坪，包括环氧自流平地坪、金刚砂耐磨地坪、环氧水磨石地坪、水泥基水磨石、环氧彩砂地坪、环氧防静电地坪、环氧防滑地坪、聚脲防腐地坪、聚氨酯地坪、硅 PU 地坪、混凝土密封固化剂地坪等。

（4）地面砖，如表 B-12 所示。

表 B-12　地面砖种类

材 料 名 称	基 本 属 性	图 例
1. 釉面砖	釉面砖由土坯和表面的釉面两个部分构成。主体又分陶土和瓷土两种，釉面砖表面可以做各种图案和花纹，比抛光砖色彩和图案丰富，因为表面是釉料，所以耐磨性不如抛光砖	
2. 玻化砖	玻化砖是瓷质抛光砖的俗称，是所有瓷砖中最硬的一种，在吸水率、边直度、弯曲强度、耐酸碱性等方面都优于普通釉面砖、抛光砖及一般的大理石	
3. 马赛克	具有抗腐蚀性、耐磨、耐火、吸水率小、强度高以及易清洗、不褪色等特点	

材 料 名 称	基 本 属 性	图 例
4. 大理石	纹理清晰、自然、光滑细腻，花色丰富，据不完全统计有几百个品种，广泛地用于室内空间的墙面、地面、台面的装饰中	
5. 花岗岩	花岗岩颜色美观，质地坚硬，硬度高于大理石，耐磨损，具有良好的抗水、抗酸碱和抗压性	
6. 板岩	是一种变质岩，沿板理方向可以剥成薄片。具有沉静的效果，防滑性出众，可做墙面或地板材料。天然板岩的细孔容易吸收水汽、吸油，所以不适用于厨房	
7. 水磨石	用碎大理石、花岗岩或工业废料等与沙、水泥、石灰石搅拌、成型、磨光、抛光后，嵌入铜条或图案，有预制和现浇两种	
8. 聚酯型人造大理石	这种人造大理石多是以不饱和聚酯树脂为黏合剂，与石英砂、大理石、方解石粉等搅拌混合，浇筑成型，在固化剂作用下产生固化作用，经脱模、烘干、抛光等工序而制成	
9. 烧结型人造大理石	烧结方法与陶瓷工艺相似。将斜长石、石英、辉石、方解石粉和赤铁矿粉及部分高岭土等混合，一般配比为黏土 40%、石粉 60%，用泥浆法制备坯料，用半干压法成型，在窑炉中以 1000 ℃ 左右的高温焙烧	
10. 微晶石	由天然无机材料两次烧结而成。高档环保，有弧形。也叫微晶玻璃、玉晶石、水晶石	

(5) 地毯，包括纯毛地毯、混纺地毯、合成纤维地毯、塑料地毯、植物纤维地毯。

[1] 翟健. 乡建背景下的精品民宿设计研究[D]. 浙江大学，2016.

[2] 谷晓迪. 以空间体验为导向的精品酒店空间设计研究[D]. 西安美术学院，2016.

[3] 王磊. 酒店式公寓室内设计研究[D]. 杭州师范大学，2012.

[4] 高光. 居住空间室内设计[M]. 北京：化学工业出版社，2014.

[5] 刘刚田. 人机工程学[M]. 北京：北京大学出版社，2012.

[6] 刘盛璜. 人体工程学与室内设计[M]. 北京：中国建筑工业出版社，2015.

[7] 王熙元. 环境设计人机工程学[M]. 上海：东华大学出版社，2010.

[8] 宋宏宇. 小户型室内空间设计探析[D]. 青岛理工大学，2015.

[9] 李笑寒. 住宅储物空间设计要素解析[J]. 装饰，2013(2).

[10] 曲艺，闫莉，徐帆. 基于住宅改造分析的储物空间使用需求研究[J]. 建筑与文化，2016(9).

[11] 赵一，吕从娜，丁鹏. 居住空间室内设计——项目与实战[M]. 北京：清华大学出版社，2013.

[12] 王晖. 住宅室内设计[M]. 上海：上海人民美术出版社，2014.

[13] 薛刚，杨静，王楠. 典型界面建构与实施[M]. 上海：上海人民美术出版社，2014.

[14] 祝彬. 装修建材速查图典[M]. 北京：化学工业出版社，2014.

[15] 周志杰. 居住设计中的厨房功能与劳动效能[J]. 科技创新导报，2009(26).

[16] 文健，刘圆圆，林怡标. 室内陈设设计[M]. 北京：北京大学出版社，2014.

[17] 马会媛. 陈设设计在室内空间中的应用[D]. 山东大学，2014.

[18] 陈晶晶. 住宅中陈设艺术的研究[D]. 南京林业大学，2009.

[19] 韩幼琪. 家具作为住宅陈设设计元素的用户研究[D]. 湖北工业大学，2015.

[20] 刘茜. 建筑内部空间中陈设设计的应用研究[D]. 四川师范大学，2014.

[21] 王秉克. 现代室内陈设设计审美风格探析[D]. 聊城大学，2014.

[22] 冯昌信，苏冬胜. 室内设计[M]. 北京：中国林业出版社，2014.

[23] 王雅莉. 地中海室内设计风格在中国室内设计中的应用研究[D]. 中南林业科技大学，2014.

[24] 吕品秀. 现代西方审美意识与室内设计风格研究[D]. 同济大学，2007.

[25] 葛璇. 新中式室内设计风格研究[J]. 大舞台，2014(12).

[26] 余小荔，张毅. 消费文化语境下的中国室内设计风格研究[J]. 设计艺术研究，2012(4).

[27] 王博尊. 浅谈田园风格设计的概述及其发展趋势[J]. 美与时代：城市，2014(12).

[28] 吴健. 简约主义室内设计风格探索[D]. 南京艺术学院，2009.

参考文献

JUZHU KONGJIAN SHINEI SHEJI